Richtig priorisieren

Hailka Proske
Johannes F. Reichert
Eva Reiff

Inhalt

Vorwort

Unser Arbeitsleben befindet sich in einem dramatischen Verdichtungsprozess. Während Aufgabenvolumen und Informationsflut steigen, stagniert oder sinkt die Zahl der Mitarbeiter. Mehr Arbeit lastet auf immer weniger Schultern.

Wer diese Herausforderung meistern will, muss sich von der Idee lösen, dass er die vorhandene Arbeit zu 100 % oder in gewohnter Qualität erledigen kann. Erfolgreich kann heute nur derjenige sein, der in der Lage ist, seine Aufgaben ständig neu zu sortieren und zu priorisieren, der entscheiden kann, was wirklich wichtig ist, und der den Mut hat, Aufgaben ersatzlos zu streichen.

Unser Buch zeigt viele Techniken und Modelle, die es Ihnen leichter machen, konsequent zu entscheiden, was wirklich wichtig und was dringlich ist. Es stellt einfache Methoden und Hilfsmittel vor, mit denen Sie Ihre Prioritäten in Ihrem Praxisalltag ganz einfach umsetzen können.

Wir wünschen Ihnen viel Erfolg dabei!

Hailka Proske, Johannes Friedrich Reichert, Eva Reiff

Das A und O des Selbstmanagements

Schneller, höher, weiter. Ob berufliche Aufgaben, die erledigt werden müssen, oder private Belange und Wünsche, die erfüllt werden wollen – es gibt viel zu tun. Aber der Tag hat nur 24 Stunden. Nutzen Sie daher die begrenzte Zeit sinnvoll.

In diesem Kapitel erfahren Sie,

- was Priorisieren bedeutet,
- warum Sie Wichtiges von Unwichtigem unterscheiden sollten,
- was es bedeutet, effektiv und effizient zu arbeiten,
- wie gut Sie bereits Prioritäten setzen können.

Warum Priorisieren immer wichtiger wird

In den vergangenen Jahren hat sich die Welt grundlegend gewandelt: ein Mehr an Information, mehr und schnellere Kommunikation und höhere Komplexität der Aufgaben. Und so steigen auch die Anforderungen an den Einzelnen, sich immer wieder richtig zu entscheiden, wofür er seine Zeit und Energie einsetzt.

- Wir leben in einer Vielzahl unterschiedlicher Rollen – wir sind Mitarbeiter, Vorgesetzte, Partner, Eltern, Freunde, Trainer einer Sportmannschaft, Elternbeirat etc. Und jede dieser Rollen will aktiv gelebt und gestaltet werden.
- Die Informationsflut steigt ins Unermessliche: Wir müssen immer schneller auf immer mehr Informationen reagieren.
- In den Unternehmen ist die Geschwindigkeit gestiegen, mit der oft gravierende Veränderungen stattfinden.

Bei all dem den Überblick zu behalten und Wichtiges von Unwichtigem zu unterscheiden, ist nicht immer leicht. Aber es geht um unsere Zeit und Energie! Daher wird die Fähigkeit, priorisieren zu können, immer bedeutender.

Was ist Priorisieren?

Priorisieren leitet sich vom lateinischen „prior" ab und bedeutet „früherer", „vorderer", „vorherig". Es beschreibt die Einordnung von Aufgaben nach Vorrangigkeit, legt also deren Reihenfolge fest. Priorisieren ist das zentrale Werkzeug, um den

Einsatz begrenzter Ressourcen (z. B. Zeit, Aufmerksamkeit, Energie) sinnvoll zu steuern.

> Priorisieren bedeutet, das Wichtigste zuerst zu tun.

Aber wie finden wir heraus, was „das Wichtige" für uns ist? Es ergibt sich zum einen aus unseren persönlichen Werten und Zielen. Zum anderen definiert es sich aus Zielen und Anforderungen unser Umgebung, z. B. des Partners und der Familie, des Chefs und der Kollegen.

Die Sache mit den großen Steinen

Von Stephen R. Covey, einem amerikanischen Selbstmanagement-Experten und Bestsellerautor, stammt folgende Metapher:

Eine große Schale aus Glas stellt die Begrenztheit eines Tages, einer Woche oder auch unseres Lebens dar. Daneben liegen große bunte Steine: Sie stehen für die wesentlichen Dinge im Leben, wie Karriere, Gesundheit oder Familie. Kleinere Kieselsteine stehen für Projekte, wie ein neues Marketingkonzept oder unsere Urlaubsplanung. Und es gibt noch viel Sand für all den Kleinkram, der uns den Tag über beschäftigt: Mails, Telefonate, Besprechungen mit Kollegen, Newsletter lesen usw.

Nun ist es Ihre Aufgabe, diese großen und kleinen Steine in das Gefäß zu füllen.

Würden Sie mit dem Sand und den kleinen Steinchen beginnen, wäre das Gefäß schnell halb oder ganz voll. Sie hätten dann nur noch sehr wenig oder schlimmstenfalls gar keinen Platz mehr für die großen Steine – für das Wesentliche.

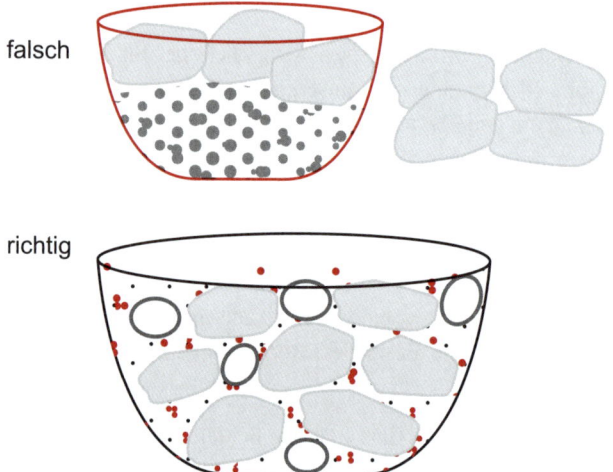

Große Steine – kleine Steine

Das Bild zeigt, dass es nur *einen* Lösungsweg gibt, um alle Steine unterzubringen: Sie müssen zunächst die größeren Steine in das Gefäß füllen und erst danach alle Ritzen und Lücken mit Kieselsteinchen und Sand auffüllen.

Agieren oder Reagieren?

Viele Menschen leben ihr Leben, ohne sich darüber Gedanken zu machen, welches ihre „großen Steine" sind, was ihnen also wirklich wichtig ist. Das Ergebnis: Sie steuern ihr Leben nicht aktiv, sondern reagieren nur auf die Herausforderungen des

Alltags, lassen sich antreiben von den Aufgaben, die auf sie zukommen. Sie haben ihre Prioritäten nicht im Blick – oder verlieren sie aus den Augen.

> Überlegen Sie selbst: Welches sind Ihre großen Steine im Leben – beruflich wie privat? Und was ist der Kleinkram, der Sie vom Wesentlichen abhält?

Effektivität versus Effizienz

Viele Menschen versuchen der Fülle an Aufgaben – den vielen verschiedenen Steinchen – mit schnellerem Arbeiten zu begegnen. Sie arbeiten effizient, erledigen also die Dinge in der richtigen Art und Weise, d.h. zeit- und ressourcenschonend. Doch oft arbeiten sie an den falschen Aufgaben. Noch wichtiger als effizient zu arbeiten, ist nämlich, effektiv zu arbeiten, d.h. Dinge zu tun, die den höchsten Wert oder Nutzen haben.

Diesen Vorrang von Effektivität vor Effizienz verdeutlicht eine weitere Geschichte von Stephen R. Covey.

Beispiel

 Ein Waldarbeiter zerkleinert mit einer Säge mühsam einen Riesenstapel Holz und kommt dabei nur sehr langsam voran. Ein Spaziergänger kommt vorbei und beobachtet ihn eine Weile. Ihm fällt auf, dass die Säge stumpf ist, und er fragt den Holzfäller, warum er denn nicht zunächst seine Säge schärfe. Der Holzarbeiter schüttelt den Kopf und meint: „Ich habe keine Zeit zum Schärfen – ich muss noch alle Bäume hier sägen!"

Die Antwort des Mannes bringt genau das auf den Punkt, worum es beim Priorisieren geht: Zeit investieren für das eigentlich Wesentliche, im Beispiel wäre das, die Säge zu schärfen.

Oft ist es sinnvoller, innezuhalten und sich zu orientieren, anstatt sofort mit dem Arbeiten zu beginnen. Nur so kann man erkennen, ob es nötig ist, die eigenen Werkzeuge – die Säge – zu schärfen. Das brächte in vielen Fällen den höchsten Nutzen (= Effektivität). Denn mit einer geschärften Säge können wir wesentlich zeitsparender (= effizienter) weiter arbeiten.

Beispiel

 Ein Unternehmen erhält viele Kundenbeschwerden. Die betroffene Abteilung müht sich ab, diese zügig und für die Kunden zufriedenstellend zu bearbeiten. Für eine Auswertung der Reklamationen fehlt in der Hektik die Zeit. Stattdessen optimiert man die Beschwerdeannahme, stellt Textbausteine zusammen und schult die Mitarbeiter in puncto Freundlichkeit. Die Abteilung arbeitet effizient das ab, was anfällt.

Sinnvoller wäre, Zeit dafür zu investieren, den gesamten Bestellprozess einmal gründlich unter die Lupe zu nehmen. Dann könnten die eigentlichen Ursachen für das erhöhte Aufkommen von Beschwerden beseitigt werden. Das wäre eine effektive Vorgehensweise.

Zwei Schritte sind es, die für das Priorisieren eine wichtige Bedeutung haben:

1　Entscheiden Sie sich für die richtigen Dinge.

2　Arbeiten Sie diese Dinge dann richtig, also effizient ab. Dann haben Sie genügend Zeit für die nächste wichtige Aufgabe.

> Es ist wichtiger, die richtigen Dinge zu tun (Effektivität) als die Dinge richtig zu tun (Effizienz).

Selbsttest: Können Sie Prioritäten setzen?

Lassen Sie uns zunächst mit einem Selbsttest erkunden, wie es um Ihre eigene Fähigkeit, Prioritäten zu setzen, bestellt ist. Schätzen Sie dazu die folgenden 15 Aussagen für sich spontan ein. Es stehen folgende Bewertungen zur Auswahl: der Wert 4 steht für „trifft immer zu", der Wert 3 für „trifft meist zu", der Wert 2 für „trifft selten zu", 1 steht für „trifft überhaupt nicht zu".

Aussage	Wert
Ich habe einen Überblick über meine beruflichen kurz-, mittel und langfristigen Ziele.	
Ich habe einen Überblick über meine privaten Ziele.	
Ich achte auf Pausen sowie auf eine gesunde Balance zwischen Arbeit und Privatem.	
Ich habe einen Überblick, welche Aufgaben mich heute erwarten.	
Ich führe eine To-do-Liste, die ich immer wieder/ täglich aktualisiere.	
Mir fällt es leicht, Wichtiges von Unwichtigem zu trennen.	

Aussage	Wert
Ich kann einschätzen, wie wichtig eine Aufgabe für meine Kollegen, andere Abteilungen bzw. das Unternehmen ist.	
Ich setze Prioritäten und halte diese auch ein, indem ich z.B. Zeit im Kalender für wichtige Aufgaben blocke.	
Ich konzentriere mich jeweils auf eine Aufgabe.	
Ich verzettele mich nicht mit unwichtigen Aufgaben.	
Ich kann gut einschätzen, wie viel Zeit einzelne Aufgaben benötigen.	
Ich kann beurteilen, ob die Aufgabe jetzt gleich erledigt werden muss oder ob das auch noch später möglich ist.	
Wenn ich an einer wichtigen Aufgabe arbeite, kann ich mich anderen gegenüber gut abgrenzen (z.B. durch Neinsagen).	
Ich nutze Hilfsmittel wie Outlook oder andere Werkzeuge zum Organisieren und Priorisieren meiner Aufgaben.	
Ich lasse mich nicht von Internet-Angeboten (wie z.B. Facebook) oder unnötigen Internet-Recherchen von meinen Aufgaben abhalten.	

Auswertung

Zählen Sie jetzt die von Ihnen vergebenen Punkte zusammen.

- Mehr als 50 Punkte: Klasse – weiter so! Verschenken Sie das Buch an jemanden, der es nötiger hat.

- 30–50 Punkte: Gut, aber noch ausbaufähig. In einigen Bereichen können Sie Ihr Priorisierungstalent noch verbessern. Wie genau, zeigen Ihnen die entsprechenden Kapitel in diesem Buch. Konzentrieren Sie sich dabei besonders auf die Themen, die Sie mit dem Wert 1 beantwortet haben.

- Unter 30 Punkte: Herzlichen Glückwunsch! Mit diesem Buch haben Sie den richtigen Ratgeber zur Hand, um zukünftig entspannter durchs Leben zu gehen.

Auf einen Blick: Das A und O des Selbstmanagements

- Priorisieren beschreibt die Einordnung von Aufgaben nach Vorrangigkeit und legt damit eine Reihenfolge fest.

- Will man all den Rollen und Aufgaben im Leben gerecht werden und seine Zeit und Energie sinnvoll einsetzen, ist richtiges Priorisieren das zentrale Werkzeug.

- Es gibt grundlegende Entscheidungen im Leben und den alltäglichen Kleinkram. Wichtig ist, sein „Lebensglas" so zu füllen, dass in ihm alles Platz findet.

- Effektivität kommt vor Effizienz: Entscheiden Sie sich zunächst für die richtigen Dinge und erledigen Sie diese dann richtig.

- Werden Sie sich darüber klar, wie gut Sie bereits priorisieren können. Nur wer seine Schwachstellen kennt, kann gezielt daran arbeiten.

Was ist Ihnen wirklich wichtig?

Sich seiner eigenen Werte und Ziele bewusst zu sein, ist wesentliche Grundlage für das Priorisieren. Was motiviert Sie? Finden Sie heraus, was Ihnen wichtig ist und was Sie erreichen wollen.

In diesem Kapitel erfahren Sie,

- wie Sie sich Ihre zentralen Werte vor Augen führen,
- wie Sie Ihre Ziele definieren,
- warum Ihr Privatleben dabei ebenso wichtig ist wie Ihr Beruf,
- was Fremd- oder Selbstbestimmtheit mit dem Priorisieren zu tun haben.

Welche Prioritäten wir unterscheiden

Es gibt generell zwei verschiedene Arten von Prioritäten: die grundlegenden bzw. strategischen und die tagtäglichen bzw. operativen Prioritäten.

- Bei den grundlegenden Prioritäten geht es um Ihre strategischen, also langfristigen Ziele und Werte im Beruf und im Privaten. An ihnen orientieren Sie sich bei Ihrem generellen Handeln sowie bei wichtigen Entscheidungen.

- Die tagtäglichen bzw. operativen Prioritäten hingegen beziehen sich eher auf unsere Entscheidungen im Alltag. Sie werden dann wichtig, wenn es darum geht, für den Augenblick zu entscheiden, in welche Aufgaben man jetzt sinnvollerweise Energie und Zeit investieren sollte. In der Praxis kann das so aussehen: Sie verschaffen sich einen Überblick über aktuell anstehende Aufgaben (z. B. mit Hilfe einer To-do-Liste). Ausgehend von diesem Überblick und Ihren grundlegenden Prioritäten entscheiden Sie dann, welche Aufgabe Sie als erste angehen. Mit den operativen Prioritäten beschäftigen wir uns in den nachfolgenden Kapiteln.

Werte: Grundlagen unseres Handelns und Denkens

Werte sind unsere Motivatoren. Sie definieren, was uns wichtig ist, worauf wir Wert legen. Sie sind die Grundlage unserer

Entscheidungen, Handlungen und Bewertungen von Situationen und Dingen und damit auch für unsere grundlegenden Prioritäten. Dabei können wir für verschiedene Lebensbereiche ganz unterschiedliche Werte haben.

Beispiel

> So mag Ihnen Pünktlichkeit im Beruf sehr wichtig sein, während Sie im Alltag gerne mal einfach so vor sich hin leben, ohne den Blick ständig auf die Uhr zu werfen.

Verwirklichen wir unsere Werte, freuen wir uns und sind zufrieden. Wir fühlen uns motiviert und energiegeladen. Werden wir daran gehindert, unsere Werte zu leben, verspüren wir Frust und Ärger.

Werte sind etwas sehr Persönliches und von daher auch nicht „falsch" oder „richtig". Dies bedeutet, dass die Wertesysteme anderer genauso berechtigt und stimmig sind wie Ihr eigenes.

Beispiel

> Herr Schmidt ist ein ausgesprochener Familienmensch; er möchte seine Kinder beim Aufwachsen begleiten, ihm ist eine regelmäßige Familienzeit wichtig. Außerdem lebt er gerne naturnah, verbringt seine Wochenenden mit der Familie beim Wandern, Radfahren oder arbeitet im Garten. Vor zwei Jahren bekam er ein interessantes Angebot für eine verantwortungsvolle Stelle in seinem Unternehmen. Aufgrund seiner persönlichen Werte hat er diese Stelle abgelehnt, weil er dann wesentlich weniger Zeit für seine Familie gehabt hätte.
>
> Frau Keller liebt ihren Beruf. Er ermöglicht ihr, anlässlich immer wieder neuer Projekte die Welt zu bereisen. Diese Abwechslung war ihr schon immer wichtig, daher hat sie auch eine solche Tätigkeit gewählt. Mit ihrem Partner, der ähnlich viel unterwegs ist, hat sie sich bewusst gegen Kinder entschieden. Sie genießen

es, in ihrer Freizeit unabhängig zu sein und aufregende Abenteuerurlaube zu erleben.

Herr W ist befördert worden. Er ist jetzt technischer Leiter eines Großdruckunternehmens und nimmt in dieser Position nur noch Führungsaufgaben wahr. An den Maschinen ist er immer seltener tätig. Nach und nach merkt er jedoch, dass ihm die unmittelbare Arbeit mit den Maschinen sehr fehlt. Er entscheidet sich, seinen Job zu wechseln und eine Aufgabe zu finden, die wieder mehr seiner technischen Begeisterung entspricht.

Kennen Sie Ihre wichtigsten Werte?

Versuchen Sie, die folgenden Fragen möglichst spontan und aus dem Bauch heraus zu beantworten. So erhalten Sie einen Überblick über Ihre zentralen Werte.

- Wenn Sie an die Ausübung Ihres Beruf denken: Was ist Ihnen dabei besonders wichtig? Ist es die Möglichkeit, selbst zu gestalten, ist es Planungssicherheit, Teamarbeit oder etwas anderes?

- Denken Sie an eine Situation im Beruf, die Ihnen besonders Spaß gemacht hat oder die Sie als positiv wahrgenommen haben. Was hat diese Situation ausgezeichnet?

- Denken Sie an eine Situation, die für Sie unbefriedigend oder negativ war. Was konnten Sie in dieser Situation nicht tun oder leben, welcher Wert hat gefehlt?

Diese Fragen können Sie auch auf Ihr Privatleben übertragen: Was ist Ihnen hier wichtig? Welche Begriffe fallen Ihnen dazu ein? Sind es z. B. Abwechslung und Abenteuer oder Sicherheit und Geborgenheit?

Ziele: Wohin wollen Sie?

Klarheit über Ihre Ziele zu haben, d.h. darüber, was Sie erreichen wollen, ist eine weitere wichtige Voraussetzung für das Erkennen Ihrer Prioritäten.

> Nur wer sein Ziel kennt, findet den Weg. (Laotse)

Vom erfolgreichen Ende her denken

Es gibt eine hilfreiche Methode, grundlegende Ziele für sich zu definieren:

Stellen Sie sich vor, Sie feiern Ihren 100. Geburtstag und blicken zurück auf ein erfülltes Leben.

- Was wollen Sie gerne über Ihr Leben erzählen können?
- Was war besonders wichtig für Sie – welche Stationen Ihres Lebens, welche Momente, welche Erfahrungen?
- Was erfüllt Sie mit Stolz? Was haben Sie richtig gemacht? Wie haben Sie das hinbekommen?
- Wer hat Sie dabei unterstützt? Wie haben Sie die Beziehung zu diesem Menschen gepflegt?

Für eine mittelfristige Betrachtung stellen Sie sich Ihren nächsten runden Geburtstag vor. Überlegen Sie, was Sie dann rückblickend gerne über die vergangenen zehn Jahre sagen würden. Leiten Sie daraus dann Ihre mittelfristigen Ziele ab.

Sie können diese Art von Zielüberlegungen auch nur mit dem Schwerpunkt Beruf anstellen. Stellen Sie sich dazu eine

Jubiläumsfeier für Ihre 25-jährige Betriebszugehörigkeit vor. Hier werden üblicherweise Reden auf den Jubilar gehalten, in denen dessen Werdegang beschrieben und dessen Erfolge hervorgehoben werden. Wer würde auf der Feier eine Rede halten? Was würde diese Person über Sie sagen?

Von oben auf das Leben blicken: Zielhöhen

Von David Allen, einem bekannten Autor und Coach für Produktivitätsmethoden, stammt das Modell der Zielhöhen, bei dem er aus verschiedenen Höhen auf das Leben blickt.

Das Zielhöhen-Modell	
15.000 Meter + ×	Leben allgemein
12.000 Meter	Ziele für drei bis fünf Jahre
9.000 Meter	Ziele für ein bis zwei Jahre
6.000 Meter	Verantwortungsbereiche
3.000 Meter	Laufende Projekte
Startbahn	Aktuelle Handlungen

Die folgende vom Modell ausgehende Übung können Sie als Selbstreflexion zu Ihren Zielen nutzen. Stellen Sie sich folgende Fragen:

- 15.000 Meter + × – Leben allgemein: Dies ist der große Überblick. Was wollen Sie später, rückblickend auf Ihr ganzes Leben, erreicht haben, beruflich wie privat? Wozu wollen Sie Ihren Beitrag geleistet haben? Wofür wollen Sie in Erinnerung bleiben?

- 12.000 Meter – Ziele für drei bis fünf Jahre: Hier blicken Sie drei bis fünf Jahre in die Zukunft. Wo wollen Sie beruflich in drei bis fünf Jahren stehen? Welche persönlichen und beruflichen Ziele wollen Sie in dieser Zeitspanne erreichen? Welche strategischen Ziele haben Sie für Ihr Team, Ihre Abteilung, Ihr Unternehmen?

- 9.000 Meter – Ziele für ein bis zwei Jahre: Hier überlegen Sie, was Sie in den nächsten ein bis zwei Jahren in den verschiedenen Lebens- und Arbeitsbereichen erreichen bzw. erleben wollen. Gibt es in der Arbeit Schwerpunkte, die Sie stärker in den Blick rücken wollen? Wollen Sie bestimmte private Projekte abschließen?

- 6.000 Meter – Verantwortungsbereiche: Nun sind Sie zeitmäßig schon deutlich näher an der Gegenwart. Welche Bereiche in Ihrem Arbeitsleben wollen Sie in nächster Zeit genauer im Blick behalten? Was wollen Sie darin in den kommenden Monaten erreichen? Welcher Bereich in Ihrem privaten Leben sollte mehr Beachtung bekommen? Was nehmen Sie sich hier vor?

- 3.000 Meter – Laufende Projekte: Auf dieser Betrachtungshöhe geht es um die Ziele, die mit laufenden Projekten verbunden sind. Mit Projekten sind hier auch Tätigkeiten gemeint, die mehrere Schritte umfassen, z.B. Konzept für Jahrestagung erstellen, Ihren Garten umgestalten. Es handelt sich meist um relativ kurzfristig zu erzielende Ergebnisse. Welche konkreten Projekte stehen an? Was wäre ein sinnvoller nächster Schritt, um dieses Projekt zu einem guten Ergebnis zu bringen?

- Startbahn – Aktuelle Handlungen: Auf der Startbahn beschäftigen Sie sich mit Ihren aktuellen Aufgaben. All das, was Sie im Moment machen müssen, von den zu beantwortenden E-Mails, über Telefonate, Projektarbeit, private Anschaffungen etc. Auch wenn es übertrieben klingen mag: Es macht Sinn, sich das Ziel jeder Aufgabe zu vergegenwärtigen. So steuern Sie Ihre Energie gezielter.

> Nehmen Sie sich mindestens einmal im Jahr eine Stunde Zeit, um Ihr Leben aus dieser Vogelperspektive zu betrachten. Werden Sie sich über Ihre verschiedenen Ziele bewusst und schaffen Sie so die Voraussetzung, Ihr eigenes Handeln im Alltag bewusst in die richtige Richtung zu steuern.

So formulieren Sie Ihre Ziele

Es gibt zahlreiche Ratgeber, die sich damit beschäftigen, wie man Ziele „richtig" formuliert. Wir wollen uns hier nur auf drei wesentliche Tipps beschränken.

1   Formulieren Sie Ihr Ziel konkret – am besten mit messbaren oder beobachtbaren Kriterien. Dies ist vor allem bei „weichen", d.h. nicht messbaren Zielen nötig. Je konkreter Sie Ihr Ziel formulieren, desto leichter fallen Ihnen auch die notwendigen Schritte oder Vorbedingungen dazu ein.

Beispiel

 Wenn Sie mehr Zeit mit der Familie verbringen wollen, überlegen Sie, wie viel Zeit dafür realistisch ist. Formulieren Sie dies dann so: Ab nächster Woche verbringe ich mindestens zwei Abende pro Woche ab 18 Uhr ungestört mit meiner Familie.

Wenn Sie Ihre Führungskompetenz entwickeln wollen, überlegen Sie, was genau Sie erreichen wollen. Wollen Sie auch kritische Mitarbeitergespräche souverän führen können? Wollen Sie Ihre Mitarbeiter besser darin unterstützen, eigene Ideen für Herausforderungen zu entwickeln, also Ihre Coaching-Kompetenzen ausbauen?

2   Benennen Sie einen Termin für Ihr Ziel. Dies kann ein Starttermin sein, z.B.: Ab kommenden Montag werde ich zweimal pro Woche für eine Stunde joggen gehen. Sie können auch einen Endtermin formulieren: Bis zum 31.12. dieses Jahres werde ich drei Kilo abgenommen haben und wiege dann 57 Kilo. Oder aber Sie definieren eine zeitliche Phase: Von Anfang März bis Ende September werde ich mindestens zweimal pro Woche mit dem Fahrrad zur Arbeit fahren.

3   Schreiben Sie Ihr Ziel auf! Notieren Sie einen ganzen Satz, nicht nur Stichpunkte – denn: Im Schriftlichen formulieren Sie präziser. Zudem können Sie dann besser nachprüfen, wo Sie in Sachen Zielerreichung stehen und – noch wichtiger: Sie können Ihr Ziel im wahrsten Sinne des Wortes abhaken, sobald Sie es erreicht haben

Beruf und Privatleben in Balance

Je mehr Anforderungen an Sie in Ihrem Beruf gestellt werden, desto wichtiger wird das Thema „Prioritäten setzen" in Bezug auf Ihre Work-Life-Balance. Immer mehr Menschen fühlen sich von der Arbeit gestresst, leiden schlimmstenfalls unter Burn-out. Heute weiß man, dass insbesondere diejenigen

Menschen Burn-out-gefährdet sind, die dem Bereich Beruf einen immer größeren und wichtigeren Anteil ihrer Energie widmen und zwar klar auf Kosten des Bereichs Familie und anderer sozialer Kontakte, der Gesundheit und ihrer Hobbys.

Nehmen Sie daher bei Ihrer Lebensplanung den Bereich „Privates" ebenso wichtig wie den Bereich „Beruf". Denken Sie daran: Zum Privatleben gehören viele Tätigkeiten, die sicherstellen, dass Sie gesund bleiben, sich erholen und andere Dinge sehen und erleben als nur Berufliches. All dies ist förderlich, um Ihre Leistungsfähigkeit auf Dauer zu erhalten.

Es ist daher sinnvoll, die eigene Work-Life-Balance zu hinterfragen: Habe ich zwischen allen wichtigen Lebensbereichen die richtige Balance oder sollte ich irgendwo nachjustieren? Grundsätzlich können Sie dazu die zwei Bereiche „Beruf" und „Privat" unterscheiden.

- Nimmt ein Bereich zu viel Raum ein?
- Was könnten Sie konkret tun, um die Balance zwischen den beiden Bereichen zu verbessern?
- Denken Sie dazu auch nochmals an die Geschichte mit der Säge aus dem ersten Kapitel: Was erfüllt Sie? Wo tanken oder blühen Sie auf? Was gibt Ihnen Kraft?
- Überlegen Sie sich, was Sie ab heute machen können, um Ihre momentane Lebensbalance zu verbessern.

Die 4 Säulen Ihrer Lebensbühne

Um Ihre Lebensbalance noch etwas differenzierter betrachten zu können, hilft das nachfolgende Modell. Es unterteilt Ihr

Leben in vier Bereiche, die ausgewogen gelebt werden sollten, damit Sie sich ausgeglichen und zufrieden fühlen.

Säulen	Bedeutung
1. Gesundheit/ Fitness/ Ernährung	Diese Säule bildet eine wichtige Grundlage, um gesund und leistungsfähig zu bleiben. Dazu gehören gesunde, ausgewogene Ernährung, Sport und Bewegung sowie ausreichend Entspannung und Schlaf.
2. Liebe/ Freundschaft/ Partnerschaft	Ein gesundes soziales Umfeld, also eine intakte Familie, Partnerschaft, aber auch Freunde oder ein angenehmes Klima im Kollegenkreis, gehören zu dieser Säule. All dies gibt Halt, dient als Stütze in schwierigen Zeiten und sorgt für Spaß und Ablenkung.
3. Berufliche und materielle Zufriedenheit	Hierzu zählt ein sicheres Arbeitsverhältnis, in dem man sich gerecht behandelt und entlohnt fühlt, eine Arbeit, die Spaß macht und/oder ein geregeltes Einkommen sichert.
4. Werte – Selbst – Muße für MICH	Eine Säule, die bei vielen Menschen im hektischen Alltag zu kurz kommt: Zeit für sich selbst, seine Hobbys, für Religion oder Spiritualität – oder gar Selbstverwirklichung. Oder einfach nur die Zeit, regelmäßig über die eigenen Ziele und Werte nachzudenken ...

Fragen Sie sich: Sind meine vier Säulen gleich stark und ausgeglichen? Oder sollte eine stärker ausgeprägt sein als sie es jetzt ist? Wenn ja, welche? Was könnten Sie konkret tun, um hier einen besseren Ausgleich zu schaffen?

Werden Säulen vernachlässigt, weil man seine gesamte Energie z. B. in den Beruf steckt, so entsteht ein Ungleichgewicht.

> Um ausgeglichen zu sein, sollten Sie Energie in alle vier Säulen investieren.

Fremd– oder selbstbestimmt? Ihre Einflussbereiche

Nun haben Sie einen Überblick über Ihre Ziele und Werte sowie Ihre Work-Life-Balance. All dies beeinflusst, welche Prioritäten Sie setzen. Aber es gibt noch einen weiteren Faktor, der bestimmt, worauf Sie Ihre Energie und Kraft richten und worauf nicht: Ihr Einflussbereich. Denn, ob und wie Sie Ihre Prioritäten erreichen oder durchsetzen können, hängt sehr davon ab, wie selbstbestimmt Sie handeln können – oder wie stark Ihr Handlungsrahmen von anderen fremdbestimmt wird.

Beispiel

Wenn Sie im Kundendienst eines Unternehmens arbeiten, werden Ihre Arbeitsstrukturen im Wesentlichen durch die einlaufenden Kundenanfragen bestimmt. Ihr Spielraum, den Tagesablauf aktiv zu gestalten, ist daher sehr begrenzt.

Jedoch sind die Art und Weise, wie Sie z. B. Ihre Schreibtischablage strukturieren oder ob Sie Ihre Mittagspause mit einem Spaziergang gestalten, komplett Ihnen überlassen.

Machen Sie sich immer wieder mal bewusst, um welche Aufgaben es sich handelt, die Sie gerade anpacken wollen oder müssen. Haben Sie hier überhaupt eine Einflussmöglichkeit, können Sie also eigenbestimmt Prioritäten setzen?

Die drei Kreise Ihres Einflussbereichs

Stephen R. Covey, Autor des Bestsellers „Die 7 Wege zur Produktivität", hat in seinem „Kreismodell" beschrieben, welche Möglichkeiten der Einflussnahme es in verschiedenen Bereichen gibt:

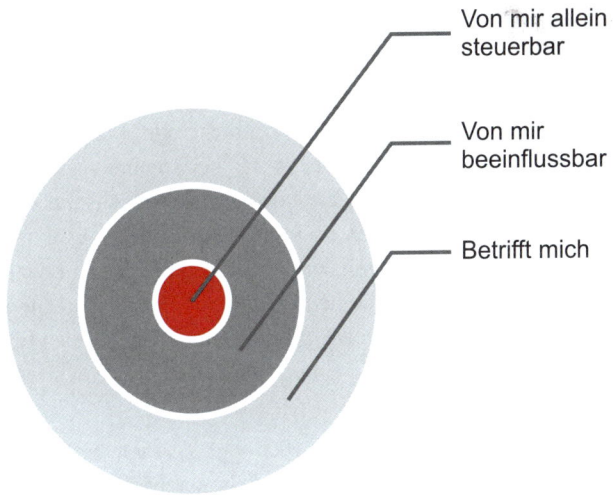

Von mir allein steuerbar

Von mir beeinflussbar

Betrifft mich

Einflussbereiche

Wenn Sie vor der Frage stehen, bei welchen Aufgaben Sie Einfluss auf die Priorisierung haben, dann hilft der Blick auf die drei Einflussbereiche.

- **Bereich, den ich alleine steuern kann:** Hier lohnen sich Einsatz und Veränderungen – das ist Ihr Kontrollbereich. Hier bestimmen Sie. Sie holen Angebote von verschiedenen Tagungshotels für die kommende Klausur ein. Sie erstellen Ihren Plan für die anstehenden Kundenbesuche nächste Woche. Sie möchten eine Regel erstellen, um Newsletter gleich aus der Inbox in einen Ordner schicken zu lassen. Tun Sie es: Investieren Sie diese Zeit – hier lohnt es sich.

- **Bereich, den ich beeinflussen kann:** Hier sind nicht mehr Sie allein beteiligt, sondern ein Netzwerk oder Team. Das heißt: Sie haben zwar Einfluss auf eine Veränderung, aber nur bedingt und meist nur in Absprache oder Kooperation mit den anderen Beteiligten, so z. B. bei Kommunikationsprozessen oder Informationswegen im Team, Absprachen über Arbeitsverteilungen im Team u. Ä. Dennoch: Es lohnt sich auch hier, eine Veränderung anzustreben, wenn etwas als störend oder zeitfressend empfunden wird. Sprechen Sie die Dinge, die Ihnen wichtig sind, an, setzen Sie sich für deren hohe Priorisierung ein und versuchen Sie gemeinsam Lösungen zu finden.

- **Bereich, der mich betrifft:** Hier sind Sie zwar betroffen, aber Sie haben keinerlei Möglichkeit, kurzfristig etwas zu verändern, so z. B. politische Entscheidungen, das Wetter, den Stau auf der Autobahn. Im Unternehmen können das sein: fest definierte Prozesse, Regeln, Normen und Gesetze, die eingehalten werden müssen; Entscheidungen, die die Unternehmensleitung trifft, und die jeder Mitarbeiter tragen muss, ob er will oder nicht. Hier können Sie wenig gestalten und führen oft Dinge aus, die nicht zu ändern sind. Wenn überhaupt, sind hier nur sehr langfristig Änderungen möglich, z.B. indem Sie selbst den Weg in die Unternehmensspitze einschlagen, um dort bei Entscheidungen beteiligt zu sein.

Die Schlussfolgerung aus diesem Ansatz: Konzentrieren Sie sich bei Ihren selbstbestimmten Prioritäten auf die Bereiche, in denen Sie auch wirklich Dinge ändern können. Bei nicht änderbaren, weil nicht beeinflussbaren Aufgaben akzeptieren Sie besser (zumindest kurzfristig) die vorgegebenen Prioritäten.

Von der Theorie zur Praxis

Nachdem Sie sich jetzt im Klaren darüber sind, was Ihre grundsätzlichen Prioritäten beeinflusst, geht es nun darum, diese Prioritäten im Alltag umzusetzen. Wie das gelingt, erfahren Sie in den folgenden Kapiteln.

Auf einen Blick: Was ist Ihnen wirklich wichtig?

- Ihr Handeln orientiert sich an Ihren Werten und Zielen. Sie zu kennen, ist Grundvoraussetzung für das Priorisieren.

- Nur klar definierte Ziele können erreicht werden. Was Sie im Leben oder auch nur nächste Woche erreichen wollen, sollten Sie schriftlich formulieren und terminieren.

- Vergessen Sie Ihr Privatleben nicht! Hier tanken Sie Kraft und erfahren Sie Halt. Eine gesunde Work-Life-Balance verhindert Stress und – im schlimmsten Fall – einen Burn-out.

- Viele Lebensbereiche sind von äußeren Umständen oder anderen Personen abhängig. Nicht alles kann man selbst gestalten. Konzentrieren Sie sich beim Priorisieren auf das, was in Ihrem Kontrollbereich liegt.

Wie Sie den Überblick behalten

Um anstehende Aufgaben sinnvoll erledigen zu können, ist eines unabdingbar: Sie müssen sich als Erstes einen Überblick verschaffen über all das, was ansteht.

In diesem Kapitel erfahren Sie,

- wie Sie Ihre Aufgaben sortieren können,
- welche Arten der Aufgabenverwaltung es gibt,
- welches System für Sie geeignet ist.

To-dos festlegen

Grundlegende Voraussetzung für das Priorisieren ist ein Überblick über alle anstehenden Aufgaben. Nur wenn Sie wissen, welche Aufgaben und Tätigkeiten zu erledigen sind, können Sie eine gute Entscheidung über deren Reihenfolge oder Wichtigkeit treffen. Im Folgenden sind dazu einige grundsätzliche Aspekte aufgeführt, die Sie beherzigen sollten.

Alles aus dem Kopf

Schreiben Sie alle anstehenden Dinge auf! Wirklich alle, die Ihnen einfallen. Nur so können Sie sicher sein, dass Sie nichts vergessen. Um Ihre Ideen und Aufgaben auch unterwegs, in Besprechungen oder im Auto spontan „notieren" zu können, halten Sie dafür stets ein Notizbuch, Post-it-Zettel oder ein Diktiergerät bereit oder schreiben Sie einfach eine E-Mail bzw. SMS an sich selbst. Wichtig ist dabei nur, dass Sie diese Notizen nachträglich in Ihre richtige To-do-Liste einfügen.

Grundsätzlich können zwei Arten von Aufgaben unterschieden werden:

1   Aufgaben, die ohne Ihr eigenes Zutun von außen auf Sie zukommen, z.B. in Form von E-Mails, Telefonaten, Aufgaben aus Meetings. Hier müssen Sie reagieren.

2   Selbst definierte Aufgaben, die Sie selbst aus Ihren Zielen, Projekten etc. ableiten, d.h. bei denen Sie pro-aktiv handeln. Dazu müssen Sie sich immer wieder mit Ihren Projekten und Zielen beschäftigen, um einen nächsten

konkreten Schritt zu definieren, der Sie in Richtung Zielerreichung, Projekterfolg bringt.

> Formulieren Sie klar definierte Einzel- bzw. Handlungsschritte für Ihre To-do-Liste, also z. B. nicht: „Newsletter schreiben", sondern „Themensammlung für Newsletter durchführen" oder „Artikel übers Priorisieren für den Newsletter schreiben".

Die Partner der To-do-Liste

Bereits beim Notieren Ihrer Aufgaben nehmen Sie eine erste Sortierung vor. Sie entscheiden, was auf Ihre To-do-Liste kommt und was woanders notiert wird. Damit verhindern Sie eine Überladung Ihrer To-do-Liste. Sie können wie folgt sortieren:

- Komplexe Aufgaben oder Projekte schreiben Sie in eine Projektliste.
- Aufgaben oder Ideen, die Sie zwar unheimlich gerne realisieren würden oder die sinnvoll wären, für die Sie aber im Moment keine Zeit und Energie haben, kommen in den so genannten Ideenspeicher.
- Konkrete Termine tragen Sie in den Kalender ein.

Die Projektliste

Besteht Ihre Aufgabe aus mehreren genau beschreibbaren Unteraufgaben, dann empfiehlt es sich, die übergeordnete Aufgabe auf eine Projektliste zu schreiben. Auf Ihre To-do-Liste schreiben Sie die jeweils als nächstes anstehende, konkrete Teilaufgabe. Dies hat drei Vorteile:

1   Indem Sie große, komplexe Aufgaben in einzelne Teilauf-
     gaben gliedern, gewinnen Sie einen besseren Überblick
     über die Tätigkeiten, die mit dieser Aufgabe verbunden
     sind. So können Sie überlegen, in welcher Reihenfolge
     diese Teilaufgaben zu erledigen sind.

2   Sie können den für die einzelnen Tätigkeiten nötigen
     Zeitaufwand besser abschätzen als den für die komplexe
     Gesamtaufgabe.

3   Eine überschaubare Aufgabe motiviert eher dazu, sie zu
     bearbeiten, als eine gefühlte Riesenaufgabe.

Beispiel

> Herr Bauer hat die Aufgabe, die Außendiensttagung zu organi-
> sieren. Wenn er nur diesen Punkt auf die To-do-Liste schreibt,
> besteht die Gefahr, dass er die große Aufgabe vor sich herschiebt
> oder die damit verbundenen Teilaufgaben aus den Augen verliert.
> Stattdessen nimmt er sich Zeit, um die konkreten Teilaufgaben zu
> definieren, und schreibt diese in einer Art Brainstorming auf. Als
> Teilschritte identifiziert er z. B. Themenwünsche mit Vertriebschef
> abstimmen, Agenda erstellen, Vorlage für Präsentation an Vor-
> tragende verschicken, Raum und Catering organisieren.
>
> In einem zweiten Schritt bringt er diese in eine zeitliche Reihen-
> folge und setzt die zwei ersten konkreten To-dos nun auf seine
> Liste. In diesem Fall „Mit Vertriebschef Themen für Tagung
> abstimmen" und „Vorlage für Präsentation an Vortragende ver-
> schicken".

Der Ideenspeicher

Diese Liste ist ein Ort für gute Ideen oder Aufgaben, die nicht
verloren gehen sollen. Sie ist nicht Ihr täglicher Orientie-
rungspunkt, sondern Sie schauen diese in regelmäßigen Ab-

ständen (z.B. einmal monatlich) an, um zu sehen, ob irgendeine dieser Aktivitäten nun auf Ihre To-do-Liste kann.

Der Kalender

Die To-do-Liste ist kein Terminkalender, in dem Sie konkrete Termine und Treffen notieren. Sie ist eine reine Auflistung der anstehenden Aufgaben – und dient nur dem Überblick, was alles zu tun ist. Konkrete Termine lassen sich am besten nachhalten, wenn Sie sie in den Terminkalender eintragen.

Wie Sie den Zeitbedarf einer Aufgabe schätzen

Neben der reinen Auflistung Ihrer Aufgaben braucht es auch eine möglichst realistische Einschätzung des Zeitbedarfs für die Erledigung – im Idealfall sichtbar in der To-do-Liste. Ein zu niedrig eingeschätzter Zeitbedarf ist ein häufiger Grund für Stress.

- Stellen Sie sich genau vor, welche einzelnen Tätigkeiten für die Erledigung der Aufgabe notwendig sind. Je konkreter Sie wissen, was Sie tun müssen, umso leichter fällt eine zeitliche Einschätzung.

- Nutzen Sie Erfahrungswerte aus vergleichbaren Aufgaben aus der Vergangenheit. Seien Sie dabei ehrlich zu sich selbst, damit Sie zu möglichst realistischen Einschätzungen kommen.

- Je komplexer eine Aufgabe ist oder je weniger Sie auf Erfahrungswerte aus der Vergangenheit zurückgreifen können, umso wichtiger ist es, dass Sie den Zeitbedarf großzügig bemessen, sprich einen Zeitpuffer für Unvorhergesehenes mit einplanen.

So filtern Sie Ihre To-do-Liste

Nun haben Sie eine ausführliche To-do-Liste erstellt, in der sich alle offenen Aufgaben befinden, auch die, bei denen Sie im Moment auf die Rückmeldung anderer warten. Sie haben also sichergestellt, dass Sie nichts aus den Augen verlieren. Diese Liste ist oft sehr lang und kann dazu führen, dass Sie sich überfordert oder demotiviert fühlen.

Daher ist es sinnvoll, sie dahingehend zu filtern, wann etwas erledigt werden soll. Dazu gibt es drei Varianten:

1 Sie erstellen eine separate Tages- oder Wochen-To-do-Liste, in der Sie diejenigen Aufgaben nochmals notieren, die in diesem Zeitraum zu erledigen sind. Stellt sich heraus, dass Sie noch Raum für zusätzliche Aufgaben haben, nutzen Sie die Zeit einfach für eine Aufgabe aus der großen To-do-Liste.

2 Sie sortieren diejenigen Aufgaben, die erst zu einem späteren Zeitpunkt erledigt werden sollen, aus der Liste aus und tragen sie in einzelne Monatslisten ein. Diese Monatslisten legen Sie in Ihrem Wiedervorlageordner ab.

3 Sie sortieren Ihre umfassende To-do-Liste nach Fälligkeit, so dass Ihre unmittelbar anstehenden Aufgaben oben auf der Liste erscheinen. Wie dies in Outlook geht, erfahren

Sie im Kapitel „Die Modernen: elektronische To-do-Listen".

Wichtig dabei ist, die Aufgaben so zu erfassen, dass sie Ihnen zum richtigen Zeitpunkt wieder in Erinnerung gerufen werden.

Ihr eigenes To-do-System einrichten

Falls Sie noch keine To-do-Liste nutzen oder mit Ihrer bestehenden Liste unzufrieden sind, ist es Zeit zu überlegen, wie ein für Sie passendes System aussehen könnte. Dabei ist es in erster Linie eine Geschmacksfrage, ob dieses in Papierform oder elektronisch ist. Viele der neueren Tools für die Aufgabenverwaltung sind sehr ausgefeilt und bieten neben dem reinen Überblick über die Aufgaben noch zahlreiche weitere sinnvolle Funktionen. Aufgrund dieser Angebotsfülle können diese aber selbst wieder zu einem Zeitfresser werden. Egal, für welche Form der Aufgabenverwaltung Sie sich entscheiden, wichtig ist, dass Sie diese konsequent führen und Ihre anstehenden Tätigkeiten und Aufgaben nicht an verschiedenen Stellen notieren. Sonst bleibt der entscheidende Nutzen aus: Überblick zu haben und zu behalten.

Was muss ein gutes System können?

- Es bietet mir einen Überblick über anstehende Aufgaben.
- Aufgaben, die zu einer bestimmten Zeit fällig werden, müssen so aufgeschrieben werden können, dass ich zur

richtigen Zeit wieder daran erinnert werde (Wiedervorlage).

- Hier kann ich Dinge notieren, die ich nicht jetzt tun muss, die ich aber auch nicht vergessen will (z.B. Ideenspeicher).

- Das System basiert möglichst auf den Arbeitsmitteln, mit denen ich ohnehin arbeite, z.B. Word oder Outlook. So muss ich nicht allzu viel Neues lernen, um mit dem System arbeiten zu können.

Im Folgenden stellen wir Ihnen nun verschiedene Varianten von Aufgabensystemen mit den jeweiligen Vor- und Nachteilen vor. Entscheiden Sie selbst, welches am besten zu Ihnen passt.

Der Klassiker: die Liste auf Papier

Benutzen Sie gerne eine Papierliste, auf der Sie jederzeit etwas aufschreiben können? Die einfachste Variante ist ein leeres Blatt Papier. Sie können aber auch überlegen, ob Sie sich in Word oder Excel eine Vorlage erstellen, die Sie dann ausdrucken. Einige bevorzugen auch ein „Büchlein" oder einen reservierten Teil in ihrem Kalender bzw. Time System. Diese Listen haben entscheidende Vorteile: Sie sind schnell und unkompliziert zu pflegen und unabhängig von technischen Pannen und Systemabstürzen.

Einfache To-do-Liste

Die einfachste Möglichkeit ist eine To-do-Liste, in der Sie alle anstehenden Tätigkeiten unsortiert untereinander schreiben, so wie Sie Ihnen einfallen oder wie sie neu hinzukommen. Damit Sie Ihre Priorisierungen auch in dieser einfachen To-do-Liste sichtbar machen können, empfehlen wir, hierfür eine zusätzliche Spalte vorzusehen. Alternativ können Sie auch die hochpriorisierten Punkte farbig markieren. Erledigte Arbeiten werden dann einfach durchgestrichen.

To-dos	Prio
Angebot für Herrn Mauser schreiben	
Agenda KTB-Besprechung erstellen	
Präsentation für KTB-Besprechung erstellen	
Termin mit Ungarn vereinbaren	
Herrn Mal wegen XY anrufen (Tel.: ...)	

Detaillierte To-do-Liste

In der detaillierten To-do-Liste kommen neben den Spalten für die Tätigkeitsbezeichnung und die Priorität noch zwei Spalten hinzu für den Zeitbedarf und den Fälligkeitstermin. Damit schaffen Sie eine gute Grundlage, Ihre Aufgaben je nach Priorisierung in Ihren Arbeitsablauf einzuplanen bzw. sie zu geeigneten Zeitpunkten zu erledigen.

To-dos	Zeitbedarf	Fällig am	Prio
Angebot für Herrn Mauser schreiben			

To-dos	Zeitbedarf	Fällig am	Prio
Agenda KTB-Besprechung erstellen			
Präsentation für KTB-Besprechung erstellen			
Termin mit Ungarn vereinbaren			
Herrn Mal wegen XY anrufen (Tel.: ...)			

Die Mindmap

Mindmap zur Priorisierung

Eine To-do-Liste lässt sich auch als Mindmap erstellen. Dabei notiert man einfach alle Aufgaben unsortiert und ohne Reihenfolge auf den dicken Ästen einer Mindmap – sei es jeweils für einen Tag oder für eine ganze Woche. Für jedes größere Projekt legt man eine Extra-Mindmap an, wobei die Aufgaben hierfür jeweils auf die Tages- oder Wochen-Mindmap kommen. Mehr dazu im TaschenGuide Mind Mapping.

Das Kanban-Board

Das Kanban-Prinzip, entwickelt in den 1940er Jahren in Japan, hat sich als Methode etabliert, um IT-Projekte abzuwickeln. Übersetzt bedeutet Kanban Karte oder Tafel. Darauf werden alle Aufgaben mittels Karteikarten oder Haftnotizen visualisiert. Es eignet sich jedoch auch für die Priorisierung von Aufgaben. Der Unternehmensberater Jim Benson hat dieses Prinzip für Einzelpersonen zum sog. **Personal Kanban** weiterentwickelt.

Die Grundregeln des Personal Kanban sind folgende.

- Jedes Thema, jeder Auftrag, jede Aufgabe bekommt eine Karte/einen Post-it-Zettel.

- Der gesamte Prozess besteht im Wesentlichen aus drei Teilschritten, die als „zu erledigen", „in Arbeit" und „erledigt" bezeichnet werden.

- Um eine Priorisierung zu verdeutlichen, kann man einen weiteren Schritt zwischen „zu erledigen" und „in Arbeit" einfügen, der mit „als nächstes" beschrieben wird.

- Limitieren Sie die Anzahl der Aufgaben „in Arbeit". So verhindern Sie, dass Sie zu viele Aufgaben parallel abarbeiten.

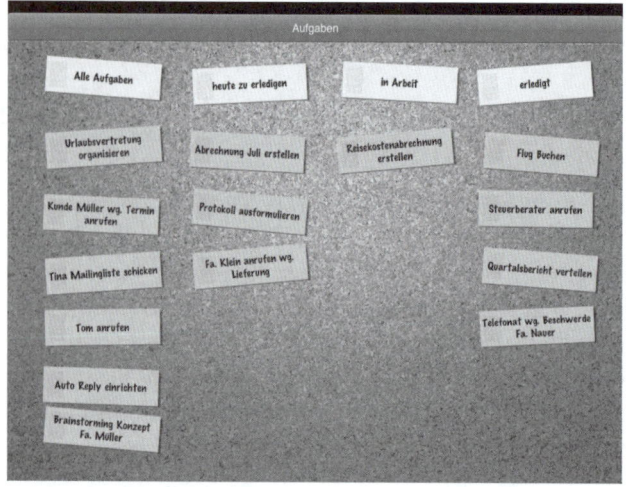

Kanban Board

In fünf Schritten zum Personal Kanban

Leitfaden: Personal Kanban

 1. **Material**

Nehmen Sie ein Whiteboard, ein Flipchart, eine Pinnwand oder ein A3-Papier und Post-it-Zettel in ausreichender Anzahl. Wählen Sie eine Post-it-Größe, die es ermöglicht, auf dem Kanban-Board waagerecht 6 und senkrecht 5 bis 6 Zettel zu platzieren.

 2. **Zeitraum**

Legen Sie einen für Sie geeigneten Zeitraum fest, entweder eine Woche, 14 Tage oder einen Monat.

3. **Raster**
Bilden Sie die drei (bzw. vier Spalten, siehe Abbildung): „zu erledigen", („als nächstes") „in Arbeit", „erledigt".
Wichtig: Das Feld „in Arbeit" sollte nur einen Zettel fassen können. Darunter können Sie den Block „wartet" platzieren für Aufgaben, bei denen Sie auf Rückmeldung warten.

 4. **Farben**
Legen Sie die Farben der Haftzettel für die einzelnen Bereiche fest. Beispiel: rot für Kundenprojekte, blau für interne Projekte, gelb für Administratives, grün für Privates.

5. **Das Personal Kanban füllen**
Beschriften Sie die Zettel mit den anstehenden Projekten und Aufgaben. Entscheiden Sie dann, womit Sie beginnen: diese Aufgabe/dieses Projekt kommt in die „in Arbeit"-Spalte. Jetzt kann es losgehen!

Das Kanban bietet sich vor allem für größere bzw. komplexere Projekte/Aufgaben an. Bei kleinen Aufgaben, wie z.B. einem Rückruf bei einem Kunden, steht der Aufwand des Beschriftens und Umhängens unter Umständen nicht mehr in einem gesunden Verhältnis zum Aufwand der Bearbeitung dieser Aufgabe.

Es gibt auch webbasierte Tools oder Smartphone- und Tablet-Apps für die Kanban-Methode. Der Nachteil hiervon: Der Charme, Ihre Aufgaben stets vor sich zu sehen, wird hier etwas minimiert.

Die Modernen: elektronische To-do-Listen

Bei den elektronischen Varianten für To-do-Listen gibt es eine Vielzahl an Möglichkeiten, angefangen von Listen in Word oder Excel bis hin zur Nutzung von Outlook oder Lotus Notes. Die am meisten genutzte Variante ist wohl die Verwendung von Outlook. In diesem E-Mail-Programm gibt es verschiedene Optionen, um sich einen Überblick über anstehende Aufgaben zu verschaffen. Wir stellen Ihnen hier eine gängige vor.

Die „Aufgaben"-Funktion in Outlook

Aufgaben

Ihre Aufgaben sehen Sie bei Outlook permanent als rechte Spalte in der sog. Aufgabenleiste, egal, ob Sie gerade mit Ihrem Kalender, Ihren Kontakten oder in Ihrem Mailfenster arbeiten. So haben Sie Ihre To-do-Liste immer im Blick.

Zum Erstellen Ihrer To-do-Liste in Outlook legen Sie für jede anfallende Tätigkeit eine Outlook-Aufgabe an. Oder aber Sie verwandeln eine E-Mail in eine Aufgabe. Dazu schieben Sie die geschlossene E-Mail mit der gedrückten linken Maustaste auf das Feld „Aufgaben" (links unten, unter Ihrer Ordnerliste) und lassen dann los. Schon wird der Text der E-Mail in eine

Aufgabe eingefügt. Nun können Sie die Aufgabe noch ergänzen oder konkretisieren.

Anschließend können Sie die Mail aus der Inbox löschen oder diese in den entsprechenden Ablage-Ordner verschieben, damit Ihre Inbox nicht überquillt.

Termine und Erinnerungsfunktion

Sie können Ihre Aufgaben in Outlook mit einem Termin und einer Erinnerungsfunktion versehen, was vor allem dann hilfreich ist, wenn diese zu einem späteren Zeitpunkt fällig werden. Dies geht so:

- „Fällig am"-Feld: Tragen Sie hier ein, wann die Aufgabe beendet sein soll.

- Wenn Sie vor dem Fälligkeitsdatum an die Aufgabe erinnert werden wollen, z.B. weil deren Bearbeitung einige Tage dauert, können Sie auch das Feld „Erinnerung" per Mausklick aktivieren und dann dort das Datum und die Uhrzeit eintragen. So erinnert Sie Outlook zu diesem Zeitpunkt an die Aufgabe.

Priorisierung sichtbar machen

Sie können die Priorisierung Ihrer Aufgaben auch in Outlook sichtbar machen. Hier bietet Ihnen Outlook die Symbole „rotes Ausrufezeichen" für eine hohe Priorität und „blauer Pfeil nach unten" für eine niedrige Priorität. Damit lassen sich drei verschiedene Prioritätenstufen kennzeichnen:

1   Die wichtigsten Aufgaben werden mit dem Ausrufezeichen versehen.

2   Aufgaben mit mittlerer Priorität werden nicht gekennzeichnet.

3   Aufgaben mit geringer Priorität bekommen den Pfeil nach unten.

Damit Sie diese Priorisierung auch immer sehen, müssen Sie sie auch in der Aufgabenleiste sichtbar machen. Dazu klicken Sie in der Aufgabenleiste (d.h. in Ihrer permanent sichtbaren Aufgabenliste in der rechten Spalte Ihres Outlook-Fensters) mit der rechten Maustaste auf den Spaltentitel und wählen unter „Ansichtseinstellungen" das Kästchen „Spalten" aus. In dem sich öffnenden Fenster sehen Sie in der rechten Hälfte, welche Spalten Ihnen in der Aufgabenleiste angezeigt werden. Prüfen Sie, ob die Spalte „Priorität" dabei ist. Falls nicht, fügen Sie sie hinzu und bestätigen Ihre Auswahl mit „ok". Nun werden Ihnen das Ausrufezeichen und der Pfeil nach unten in Ihrer Aufgabenleiste angezeigt.

Projekte und gute Ideen in eigenen Aufgabenordnern speichern

Wie oben dargestellt, nehmen Sie bereits beim Notieren der Aufgaben eine erste Sortierung in „To-do", „Projekte" und „Ideenspeicher" vor. Dies machen Sie in Outlook, indem Sie im Bereich „Aufgaben" sowohl für Projekte als auch für „irgendwann zu erledigende" Aufgaben einen entsprechenden Aufgabenordner „Projekte" bzw. „Ideenspeicher" anlegen und die jeweiligen Aufgaben dorthin verschieben.

Und so geht das: Im Aufgabenbereich sehen Sie in der linken Spalte Ihre angelegten Aufgabenordner, z.B. „Vorgangsliste" und „Aufgaben". Mit einem rechten Mausklick auf einen dieser Ordner öffnet sich ein Fenster, in dem Sie „Neuer Ordner" auswählen, diesem dann einen Namen geben und auf „ok" drücken. Nun erscheint dieser neue Ordner in Ihrer Ordnerliste. Als Nächstes ziehen Sie die Aufgaben in diesen Ordner. Dies funktioniert genauso wie das Verschieben von E-Mails, d.h., Sie klicken auf die Aufgabe, halten die Maus gedrückt und verschieben die Aufgabe in den richtigen Ordner.

Nun müssen Sie noch Ihre Aufgabenliste so filtern, dass Ihnen auch nur die entsprechenden Aufgaben angezeigt werden. Nach einem rechten Mausklick in den Spaltentitel Ihrer Aufgabenleiste wählen Sie unter „Ansichtseinstellungen" das Kästchen „Filtern" aus. In dem sich öffnenden Fenster klicken Sie die Registerkarte „Erweitert" und dort bei „weitere Kriterien definieren" im Dropdownmenu bei „Allen Aufgabenfeldern" den Punkt „In Ordner" und schreiben in das Feld „Wert" den Namen Ihres Aufgabenordners, in dem sich Ihre Aufgaben, die Sie angezeigt bekommen wollen, befinden. Dieser heißt in der Regel „Aufgaben". Nun bestätigen Sie mit „ok". Ihre Aufgabenleiste zeigt jetzt nur noch die tatsächlich aktuell anstehenden Aufgaben an.

Nach Fälligkeit der Aufgaben unterscheiden

Nach der Aussortierung der Projekte und der guten Ideen für irgendwann kann immer noch eine lange Liste übrig bleiben.

Hier macht es Sinn, diese so zu filtern, dass diejenigen Aufgaben, die erst zu einem späteren Zeitpunkt anfallen, getrennt von denjenigen Aufgaben angezeigt werden, die jetzt schon erledigt werden sollen.

Am einfachsten geht das, indem Sie bei Aufgaben ein Datum im Feld „Fällig am" eingeben. Dann sortieren Sie die Aufgabenleiste nach dem Feld „Fällig am".

Dazu klicken Sie bei Outlook 2010 in der Aufgabenleiste (der permanent sichtbaren Aufgabenliste in der rechten Spalte Ihres Outlook-Fensters) mit der rechten Maustaste auf den Spaltentitel und wählen sowohl „Fällig am" als auch „In Gruppen anzeigen" aus. Nun werden Ihnen die Aufgaben entsprechend ihrer Fälligkeit angezeigt: diejenigen ohne Fälligkeitsdatum ganz oben, danach diejenigen Aufgaben, die heute fällig sind, gefolgt von den Aufgaben mit absteigendem Fälligkeitsdatum.

Jetzt können Sie sich sowohl auf die Aufgaben, die heute oder diese Woche fällig sind, konzentrieren als auch auf diejenigen ohne Fälligkeit aber mit hoher Priorisierungskennzeichnung.

Aufgabenverwaltung per Internet oder Smartphone-App

Daneben gibt es spezielle Aufgabenverwaltungsangebote und Apps wie „rememberthemilk" oder „things", die entweder per Internet oder Smartphone gepflegt werden (mehr dazu im Kapitel „Priorisieren mit den neuen Medien").

Die vier Varianten im Überblick

To-do-Listen	Vorteile	Nachteile
Papier	<ul><li>Kann schnell und auch unterwegs ergänzt werden</li><li>Erfordert kein Einarbeiten in ein neues System</li><li>Ist unabhängig von Technik</li></ul>	<ul><li>Alle Aufgaben, auch diejenigen, die per Mail kommen, müssen per Hand auf Papier übertragen werden</li><li>Die To-do-Liste muss immer wieder neu geschrieben werden, weil sie wegen durchgestrichenen, weil erledigten Aufgaben schnell unübersichtlich wird</li></ul>
Kanban-Board	<ul><li>Immer sichtbar, wenn man am Platz ist</li><li>Sie verlieren das große Ganze nicht aus den Augen</li><li>Der limitierte Platz in der Spalte „in Arbeit" verhindert zu viele parallel laufende Arbeiten</li><li>Sie sehen, was Sie bereits geschafft haben</li></ul>	<ul><li>Kleinere Aufgaben finden hier wegen des zu hohen Übertragungsaufwands keinen Platz</li><li>Nicht mobil nutzbar</li></ul>

To-do-Listen	Vorteile	Nachteile
Aufgabenverwaltung am PC	<ul><li>Kann fortlaufend gepflegt werden</li><li>Eine direkte Kopplung mit Mails ist möglich</li><li>Ist über Tablets oder Laptops auch mobil nutzbar</li></ul>	<ul><li>Steht nur ein stationärer PC zur Aufgabenverwaltung zur Verfügung, ist die To-do-Liste nicht mobil nutzbar</li><li>Meist Einarbeitung in das Programm notwendig</li></ul>
Aufgabenverwaltung via Internet und Smartphone	<ul><li>Mobil nutzbar</li></ul>	<ul><li>Daten müssen unter Umständen vom Mailprogramm in die Aufgabenverwaltungssoftware übertragen werden</li><li>Meist Einarbeitung notwendig</li></ul>

Sie sehen: Kein System ist vollkommen. Um herauszufinden, welches System für Sie am besten geeignet ist, probieren Sie es ca. 14 Tage bis vier Wochen lang konsequent aus. So gewinnen Sie einen Eindruck, wie hilfreich es ist und wo Sie es noch optimieren müssen. Arbeiten Sie nur mit dem, was Ihnen einfach und plausibel erscheint. Je komplizierter und ausgefeilter eine To-do-Liste ist, desto schneller wird sie selbst zum Zeitfresser.

> Die Arbeitstechnik muss zu Ihnen passen – nicht umgekehrt!

Aus unserer Erfahrung sind maximal zwei Systeme optimal: z.B. eine umfassende To-do-Liste in Outlook in Kombination mit Ihrer E-Mail-Inbox, in der Sie die zu bearbeitenden E-Mails aufbewahren, und zusätzlich eine Tages- oder Wochen-To-do-Liste.

Auf einen Blick: Wie Sie den Überblick behalten

- Um Prioritäten setzen zu können, müssen Sie sich als Erstes einen Überblick über die anstehenden Aufgaben verschaffen. Notieren Sie erst einmal alles, um nichts zu vergessen.

- Auf Ihre To-do-Liste gehören nur aktuell anstehende Aufgaben, die Sie selbst aktiv aus Ihren Zielen und Projekten ableiten oder die Sie im Rahmen Ihrer beruflichen Tätigkeit erledigen müssen.

- Verteilen Sie alle anderen Aufgaben sinnvoll in weitere Merksysteme: Projektliste, Wiedervorlage, Ideenspeicher und Kalender. So wird Ihre To-do-Liste nicht überladen.

- Es gibt verschiedene Formen der Aufgabenverwaltung, z.B. die klassische Liste auf Papier, das Kanban-Board oder aber die elektronische Variante über Outlook. Nur mittels Ausprobieren finden Sie für sich das passende System.

Methoden und Techniken

Sie wissen jetzt, welche Aufgaben zu erledigen sind. Nun müssen Sie entscheiden, in welcher Reihenfolge Sie diese anpacken.

In diesem Kapitel erfahren Sie,

- wie Sie intuitiv priorisieren,
- wie die 1-2-3-Methode funktioniert,
- welche Vorteile die Unterscheidung in wichtig und dringlich hat,
- welche Rolle das Verhältnis 80:20 bei der Aufgabeneinteilung spielen kann.

Intuitiv priorisieren

Nachdem Sie sich einen Überblick über Ihre Aufgaben verschafft haben, gilt es nun, diese zu priorisieren. Die simpelste Form der Priorisierung ist es, eine intuitive Entscheidung zu treffen – also aus dem Bauch heraus.

Die intuitive Priorisierung kann sehr wirkungsvoll sein. Und zwar dann, wenn Sie sich die richtige Frage stellen. Fragen Sie sich nicht, worauf Sie jetzt gerade am meisten Lust haben oder welche Aufgabe Ihnen am leichtesten fällt. Geben Sie sich stattdessen eine ehrliche Antwort auf die Frage: Welche Aufgabe ist jetzt am wichtigsten?

Folgende Überlegungen können Sie dabei zur Lösung führen:

- Mal angenommen, Sie kämen heute nur noch zu einer einzigen Aufgabe, welche wäre es dann?

- Welche drei Aufgaben müssen Sie in jedem Fall geschafft haben, um heute Abend richtig zufrieden nach Hause bzw. ins Bett gehen zu können?

- Welche Aufgabe müssen Sie heute angehen, um bei Ihrem Projekt XY ein gutes Stück voranzukommen?

Die 1–2–3–Methode

Die 1-2-3-Methode, auch Stapel- oder ABC-Methode genannt, ist eine weitere einfache, schnell durchführbare Technik. Hierbei werden alle Aufgaben in drei Gruppen oder Stapel aufgeteilt:

Ausgangspunkt bei diesen Methoden sind die folgenden Fragestellungen:

- Welche sind die Aufgaben mit der höchsten Wichtigkeit (Prio 1)?
- Welche sind Aufgaben mit mittlerer Wichtigkeit (Prio 2)?
- Welche Aufgaben haben eher eine niedrige Wichtigkeit (Prio 3)?

Prio 1-Aufgaben

Prio 1-Aufgaben sind Hauptaufgaben, die auf Ihr Stellenprofil, Ihre Ziele und/oder die des Unternehmens ausgerichtet sind und daher höchsten Stellenwert haben. Diese sollten Sie

- regelmäßig terminieren,
- rechtzeitig (= ohne Zeitdruck) anpacken,
- mit hohem Qualitätsanspruch angehen.

Prio 2-Aufgaben

Prio 2-Aufgaben sind solche, die nicht zu Ihren Hauptaufgaben zählen oder eher von untergeordneter Wichtigkeit sind, deren Nichterledigung aber dennoch Folgen für Sie hätte. Daher sollten Sie

- diese gezielt in den Tagesablauf einplanen,
- hinterfragen, wer Ihnen bei Detailaufgaben zuarbeiten könnte,
- ggf. die 80:20-Regel anwenden (siehe dazu später noch ausführlich).

Prio 3–Aufgaben

Prio 3-Aufgaben sind unwichtigere Aufgaben. Hierzu zählen manche Besprechungen und Dokumentationen, Routinearbeiten, manche Telefonate und Mails. Bei der Erledigung dieser Aufgaben sollten Sie

- Blöcke bilden,
- diese nicht in Ihrer konzentrationsstärksten Zeit abarbeiten,
- sich zuarbeiten lassen,
- kritisch hinterfragen, ob wirklich Sie selbst diese Tätigkeit erledigen müssen,
- diese effizient abarbeiten, d. h. möglichst wenig Zeit dafür investieren.

Beispiel

Frau Evers, Assistentin der Geschäftsleitung eines Mittelstandsbetriebs, soll ein Meeting mit den drei Niederlassungsleitern organisieren. Geht sie bei der Priorisierung nach der 1-2-3-Methode vor, ergibt sich Folgendes: In den Prio 1-Stapel fallen z.B. die Terminfindung mit den vier Beteiligten und die Reservierung von geeigneten Meetingräumen sowie die Hotelbuchung. In den Prio 2-Stapel gehören u.a. die Abstimmung der Agenda sowie der Versand der Einladung. Typische Prio 3-Aufgaben sind die Wahl des Rahmenprogramms für den Abend oder die Menüauswahl.

Die Eisenhower Matrix

Die Eisenhower-Methode erweitert die 1-2-3-Methode, die sich allein an der Dimension Wichtigkeit orientiert, um die Dimension Dringlichkeit. Den Zusammenhang zwischen „wichtig" und „dringlich" verdeutlicht die Eisenhower Matrix mit ihren vier verschiedenen Feldern.

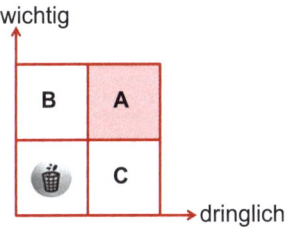

Eisenhower Matrix im Überblick

Dringlichkeit

Die Dimension „Dringlichkeit" hat ausschließlich mit dem Faktor Zeit zu tun. Hier geht es z. B. um vereinbarte Termine, Deadlines, terminierte Events, aber auch um zeitliche Vorgaben vom Chef oder den Kollegen – oft mit rotem Ausrufezeichen oder „asap" (as soon as possible = so bald wie möglich) gekennzeichnet.

Wichtigkeit

Die Dimension „Wichtigkeit" stellt hingegen den Wert einer Aufgabe in Bezug auf die Erreichung Ihrer eigenen Ziele und die des Unternehmens dar. Die Wichtigkeit einer Aufgabe wird von verschiedenen Faktoren definiert:

- Ihren Zielen und Werten
- Ihrer Stellenbeschreibung
- dem Auftraggeber (Hierarchie)
- dem Beitrag der Aufgabe zu den Zielen oder dem Erfolg des Unternehmens
- ihren Risiken, Konsequenzen: Was steht bei dieser Aufgabe auf dem Spiel?
- den Vernetzungen im Team oder im Projekt

> Das Wichtige ist selten dringend – das Dringende ist selten wichtig!

Papierkorb – unwichtig und nicht dringlich

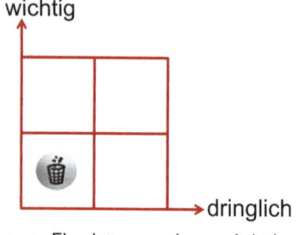

Beginnen wir mit den un-wichtigen und nicht dring-lichen Aufgaben, symboli-siert in der Eisenhower Matrix durch den Papierkorb. Beispiele für solche Auf-gaben sind Aktivitäten, die aus Flucht vor den wichtigen Aufgaben begonnen werden, das Lesen bestimmter Post und E-Mails, manche Sitzungen und Telefonate, endlose Recherchen im Netz und viele Newsletter.

Wer sich mit solchen Jobs (lange) aufhält, verschwendet seine Zeit. Daher gilt:

- Bringen Sie den Mut auf, diese Aufgaben zu löschen bzw. wegzuwerfen oder
- sagen Sie klar „Nein".

B-Aufgaben – wichtig, aber (noch) nicht dringlich

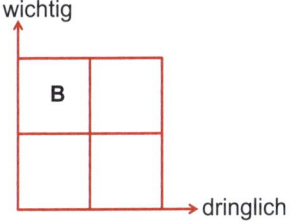

wichtig

B

dringlich

Der strategisch einflussreichste Quadrant steht in der Eisenhower Matrix für die B-Aufgaben. Das können strategisch wichtige Aufgaben mit langfristigen Terminen sein, wie z. B. ein Marketingkonzept oder die Budgetplanung fürs kommende Jahr, wichtige Projekte sowie Beziehungsarbeit.

Diese Aufgaben sollten wir proaktiv erledigen. Wir sollten uns hier die Zeit nehmen, Werte, Ziele und Rollen zu definieren sowie Aufgaben daraus abzuleiten. Der Grund: Wir erfüllen hier Aufgaben, die uns unseren Zielen näherbringen oder die wesentlich mit unserem Stellenprofil übereinstimmen. Wir arbeiten effektiv, d. h., was wir hier erledigen, hat einen hohen Nutzwert. Wenn wir den B-Quadranten vernachlässigen, führt dies auf Dauer zu Unzufriedenheit und Stress. Daher gilt:

- Teilen Sie die B-Aufgaben in machbare Einheiten auf.

- Terminieren und planen Sie diese Unteraufgaben konsequent. Blockieren Sie dafür Zeiten, die sich gut für konzentrierte Arbeit eignen, z.B. im Sinne einer stillen Stunde.

- Holen Sie sich für Detailarbeiten Hilfe von anderen.

Der A-Quadrant – wichtig und dringlich

Aufgaben im A-Quadrant sind dringlich und zugleich wichtig. Bis auf wenige Ausnahmen sind dies Aufgaben, bei denen Sie reaktiv und operativ arbeiten, d.h., hier reagieren Sie auf Anforderungen oder Ereignisse von außen und haben keine Zeit für strategische Überlegungen. Es gibt vier Varianten von A-Aufgaben.

Selbstverschuldete A = aufgeschobene (zu spät begonnene) B

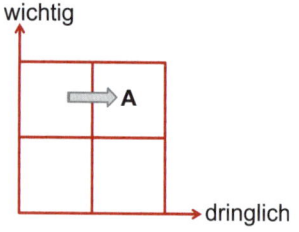

Beispiel: Das Marketingkonzept, dessen Erstellung man wochenlang vor sich hergeschoben hatte, wird eine Woche vor der Präsentation beim Vorstand dringlich. Wichtig war es von jeher.

Von extern kommende A: Krisen und Probleme

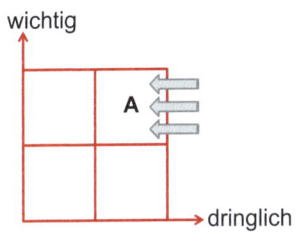

Beispiele: PC-Absturz; Kunde meldet sich wegen falscher Lieferung; kurz vor Messestart fehlen noch die Standdisplays; ein Kollege wird krank – das Team muss ihn vertreten und Aufgaben umorganisieren.

Bei diesen beiden Typen von A-Aufgaben bleibt nur: sofort und selbst erledigen!

Pseudo-A

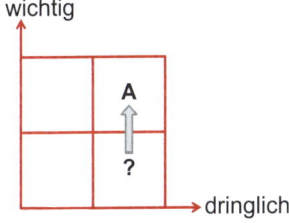

Dies sind eigentlich C-Aufgaben, die man aufgrund der Dringlichkeit aber mit einer A-Aufgabe verwechselt.

Beispiele: viele der Mails mit einem roten !, einige der „asap-Aufgaben" und „kannst du mal eben schnell"-Anfragen. Von solchen Dringlichkeitssymbolen lassen wir uns oft vorschnell täuschen und schätzen dadurch die Priorität falsch ein.

Überprüfen Sie: Welche Wichtigkeit hätte diese Aufgabe, wenn ihr kein dringlicher Termin zugeordnet wäre? Kommen Sie zu dem Schluss, dass es eher eine Pseudo-A-Aufgabe ist, dann gilt das gleiche wie bei den C-Aufgaben (siehe weiter unten).

Selbst initiierte A

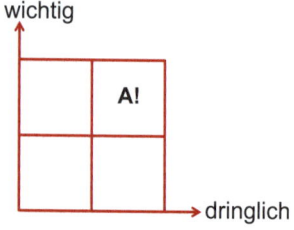

Sie haben eine gute Idee oder erkennen eine günstige Gelegenheit, die aber sehr kurzfristig umgesetzt werden muss.

Beispiele: ein kurzfristig anberaumter Vortrag vor einer wichtigen Zielgruppe; ein Kunde stellt einen lukrativen Auftrag in Aussicht, hierfür muss schnell ein Angebot erstellt werden.

Selbst-initiierte A sind unter den A-Aufgaben die einzigen proaktiven Tätigkeiten. Auch hier gilt: Sie handeln selbst und sofort.

- Als Erstes überprüfen Sie, ob dieses A derzeit das wichtigste ist. Falls Sie unsicher sind, können Sie sich fragen: „Wenn ich heute nur zu einer Aufgabe kommen würde, welche müsste es sein?"

- Fragen Sie sich: Was ist das mindeste, was erledigt werden muss, damit ein anderer daran weiterarbeiten kann?

- Überlegen Sie, wer Sie bei der Erledigung unterstützen könnte.

- Weil es so dringlich ist, ist effizientes Arbeiten gefragt. Wenden Sie, wenn erforderlich, die 80:20-Regel an (siehe dazu später noch ausführlich).

C-Aufgaben – unwichtig und dringlich

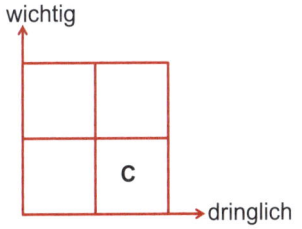

wichtig

C

dringlich

C-Aufgaben sind oder wirken dringlich oder sind zumindest stark termingebunden, ohne wirklich nennenswert wichtig zu sein.

Beispiele: so manche Post, Zufallsbesuche; viele Unterbrechungen und Anfragen mit: „Kannst du mal ganz schnell ..."; viele Mails – oft gerade Mails mit rotem Ausrufezeichen; manche Besprechungen und viele der kleinen Aufgaben, die auf unserem Tisch landen. Meist handelt es sich hier um Aufgaben, bei denen man Erwartungen anderer erfüllt.

Hier gilt es, sich selbst bzw. den Auftraggeber kritisch zu hinterfragen:

- Muss ich die Aufgabe überhaupt erledigen?
- Bin wirklich ich zuständig? Kann es auch jemand anderes tun?
- Muss es wirklich sofort sein? Bis wann braucht er/sie es spätestens?
- Muss ich die Aufgabe wirklich 100 %ig erledigen? Muss sie mit hoher Sorgfalt und Konzentration erledigt werden oder reichen auch 80 %?

Entscheiden Sie sich für die Erledigung der C-Aufgabe, gilt:

- Arbeiten Sie möglichst ähnliche C-Aufgaben in Blöcken ab.
- Erledigen Sie C-Aufgaben in „müden" Phasen oder als Pausenfüller, z.B. wenn noch 5 bis 10 Minuten Zeit vor einem Meeting/Termin bleiben.
- Achten Sie bei der Erledigung ganz besonders auf die 80:20-Regel (siehe dazu später noch ausführlich).

Übung: Wie gut sind Sie in der Einteilung Ihrer Aufgaben?

Mit der folgenden Übung können Sie sich vor Augen führen, wie gut Sie bereits in der Einteilung Ihrer Aufgaben sind. Erstellen Sie sich dazu eine Tabelle, die wie folgt aussieht. Tipp: Leichter fällt Ihnen die Identifizierung der A- und B-Aufgaben in dieser Tabelle, wenn Sie sich fragen: „Wofür werde ich bezahlt?"

Ihre Aufgaben	Geschätzter (Zeit-)Aufwand
A-Aufgaben (wichtig und dringlich), davon	
• selbstverschuldete A-Aufgaben:	
• von außen kommende A-Aufgaben:	
• selbst-initiierte A-Aufgaben:	
• verwechselte A-Aufgaben (eigentlich C-Aufgaben):	

Ihre Aufgaben	Geschätzter (Zeit-)Aufwand
B-Aufgaben (wichtig, aber nicht dring-lich):	
C-Aufgaben (nicht/wenig wichtig, aber dringlich):	

Zur Identifikation Ihrer A-, B-, und C-Aufgaben gibt es eine Software bzw. eine App. Nähere Informationen dazu finden Sie im Kapitel „Priorisieren mit den neuen Medien".

Wenn die B-Aufgaben überwiegen

Gratulation, Sie sind ein Profi im Prioritätensetzen! Zeigen Sie Ihren Kollegen, wie es geht.

Wenn die selbstverschuldeten A-Aufgaben (aufgeschobene B) überwiegen

Leiden Sie unter „Aufschieberitis"? Schieben Sie Aufgaben so lange hinaus, bis sie dringlich werden und arbeiten Sie erst dann motiviert an deren Erledigung? Brauchen Sie den Druck, um effizient arbeiten zu können – oder glauben Sie das zumindest? Diese selbstverschuldeten A-Aufgaben sind es, die Sie konsequent verhindern sollten. Die Gefahren bei zu vielen (selbstverschuldeten) A sind u.a. folgende:

- Die Qualität Ihrer Arbeit leidet darunter.
- Sie können Deadlines nicht einhalten oder nur unter Einsatz massiver Überstunden.
- Sie werden vom Dauerstress krank.

Das können Sie tun:

- Vielleicht hilft es bereits, sich zuzugestehen, dass Sie gerne unter Druck arbeiten, anstatt sich permanent darüber aufzuregen. Vielleicht brauchen Sie ein gewisses Quantum an Stress, um gut arbeiten zu können oder sich gut zu fühlen. Sobald es jedoch für Sie unangenehm wird, sollten Sie etwas ändern:

- Definieren Sie die Ziele und Teilaufgaben der jeweiligen B-Aufgabe, bevor diese zur A-Aufgabe wird.

Reservieren Sie für diese Teilaufgaben Zeit. Planen Sie dabei realistisch, d.h., nehmen Sie sich nicht eine zweistündige Einheit für eine B-Aufgabe vor, wenn dies in Ihrem Alltag ohnehin nicht zu realisieren ist. Überlegen Sie genau, in welche kleinen (maximal halbstündigen) Einheiten Sie die Aufgabe einteilen können – und planen Sie diese konsequent in Ihren Tages- oder Wochenplan ein.

Beispiel

 Ein Konzept für die neue Marketingkampagne zu erstellen, ist eine klassische B-Aufgabe: sehr wichtig, aber zu Beginn selten dringlich. Sie dauert mehrere Stunden und erfordert Konzentration, Muße und ein gewisses Maß an Kreativität. Es wird äußerst schwierig sein, diese komplexe Aufgabe in einem Stück in den Alltag einzuplanen. Daher muss sie gestückelt werden. Eine Teilaufgabe besteht z.B. darin, eine grobe Ideensammlung anzulegen in Form einer Mindmap. Dieser Schritt dauert nicht lange und kann gut mit nur kleinem Zeitbudget begonnen werden. Die Mindmap liegt dann griffbereit auf dem Schreibtisch und wird jedes Mal ergänzt, wenn Ihnen dazu etwas einfällt. Ein weiterer Teilschritt besteht darin, die Ideen auszuformulieren. Planen Sie pro Ideen-Ast zunächst eine halbe Stunde am Computer ein. So kommen Sie stückweise Tag für Tag in kleinen Einheiten an einer B-Aufgabe weiter.

Wenn die von außen kommenden A-Aufgaben überwiegen

Möglicherweise ist Ihre Arbeit sehr fremdbestimmt oder ereignisgesteuert, wie z. B. im Bereich Kundenservice, IT-Hotline oder Teamassistenz. Wenn dem so ist, dann gehören die von extern kommenden A-Aufgaben zu Ihrem Hauptaufgabengebiet. Sie sind demnach keine Störfaktoren, die abgeschafft werden können. Vielmehr ist es offenbar Teil Ihres Jobs, möglichst gut mit ständig wechselnden, unvorhersehbaren Aufgaben und Prioritäten umgehen zu können. Versuchen Sie, dies zu akzeptieren und damit gelassen umzugehen.

Gelingt Ihnen dies nicht, probieren Sie Folgendes: Überprüfen Sie, ob Sie den externen A-Aufgaben tatsächlich so hilflos ausgeliefert sind. Können Sie vielleicht doch ein gewisses Maß an Selbstbestimmtheit und Planbarkeit einführen? Prüfen Sie bei plötzlich hereinkommenden Aufgaben die Wichtigkeit, beraten Sie sich notfalls mit dem Chef oder den Kollegen.

Ist auch dies nicht möglich, so bleibt nur die Erkenntnis, dass Ihnen dieses Aufgabengebiet und die damit verbundene Arbeitsweise partout nicht liegen. Suchen Sie sich einen anderen Aufgabenbereich! Vielleicht genügt auch ein klärendes Gespräch mit dem Chef, in dem Sie gemeinsam Ihre Hauptaufgaben neu definieren.

Wenn die selbstinitiierten A-Aufgaben überwiegen

Ideen und Chancen zu nutzen ist eine wunderbare Sache. Achten Sie nur darauf, dass die Aufgaben Sie nicht unter zu großen Stress setzen oder wichtige B-Aufgaben dadurch zu A-Aufgaben werden. Überlegen Sie daher genau, welche dieser selbstinitiierten A-Aufgaben Sie angehen und welche nicht. Binden Sie Kollegen ein, damit Sie die Chance, die aus der Aufgabe für Sie folgt, zwar nutzen, aber Sie nicht die ganze Arbeit alleine stemmen müssen.

Wenn die Pseudo-A-Aufgaben überwiegen

Machen Sie sich den Unterschied zwischen Dringlich und Wichtig nochmals deutlich. Seien Sie sich bewusst, dass Sie Gefahr laufen, wegen der Bearbeitung von C-Aufgaben die wirklich wichtigen Aufgaben zu vernachlässigen. Lernen Sie Nein zu sagen (dazu später noch ausführlich).

Wenn die C-Aufgaben überwiegen

Hier gilt dasselbe wie bei den fälschlich als A eingestuften C-Aufgaben. Werden Sie sich auch hier bewusst, dass Ihre Zeit in der Regel nicht reicht, um alles zu erledigen, und entscheiden Sie sich lieber für eine A- oder B-Aufgabe.

Erkenntnisse aus der Übung für die Zukunft

Sie haben nun einen Überblick, wie es mit Ihrer Aufgabenverteilung und -organisation bestellt ist. Sind Sie nicht zufrieden mit dem Ergebnis? Dann stellen Sie sich folgende Fragen und halten Ihre Antworten darauf möglichst schriftlich fest – denn auch diese Ideen und Vorhaben gehören zu Ihren To-dos!

- Welche Ideen habe ich, um regelmäßig oder in einem höheren Ausmaß an B-Aufgaben arbeiten zu können?

- Was werde ich ab morgen tun, um jeden Tag rechtzeitig mindestens an einer B-Aufgabe zu arbeiten?

Das Pareto-Prinzip

Der italienische Ökonom Vilfredo Pareto (1848 – 1923) fand heraus, dass 20 % der Bevölkerung Italiens 80 % des Gesamtvermögens besitzen. Diese volkswirtschaftliche Gesetzmäßigkeit wurde auch 80:20-Regel genannt. Die von ihm beobachtete Verteilung findet sich in vielen Alltagssituationen wieder:

- 20 % der Kunden erbringen 80 % des Umsatzes
- 20 % der Bevölkerung erwirtschaften 80 % des Bruttosozialprodukts

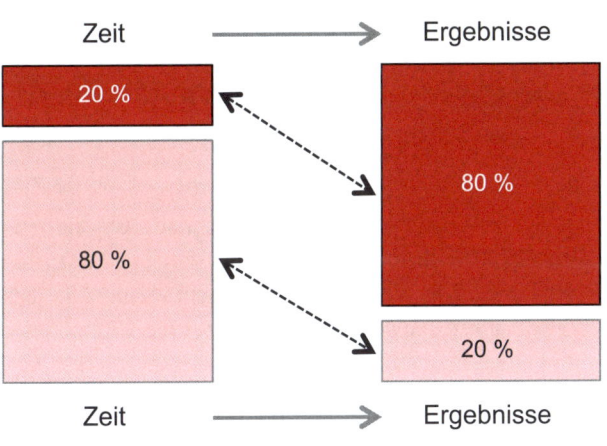

Pareto-Prinzip

Das Pareto-Prinzip lässt sich auf das eigene Zeitmanagement übertragen und hier in zweierlei Hinsicht nutzen:

1   20 % der Aufgaben bewirken 80 % unseres Arbeitserfolges: Es gibt in Ihrem Arbeitsbereich eine Vielzahl von Aufgaben, die nur wenig zu Ihrem Erfolg beitragen. Es gibt jedoch einige wenige, die einen hohen Beitrag zum Arbeitserfolg leisten. Daher lohnt es sich, diese wenigen wirkungsvollen Aufgaben zu identifizieren und Ihre Energie vorwiegend in diese zu investieren. Das nennt man effektiv arbeiten, d.h. die richtigen Dinge tun.

Übung: Identifizieren Sie Ihre effektiven 20 %-Aufgaben

- Welche Ihrer Aufgaben tragen am stärksten zu Ihrem Erfolg, zum Erfolg des Unternehmens bei?
- Wenn Sie heute nur noch eine Aufgabe erledigen könnten, welche würden Sie dann jetzt anpacken?
- Was sind Ihre großen grauen Steine?

2   In 20 % der zur Verfügung stehenden Zeit erreichen wir 80 % des gewünschten Arbeitsergebnisses. Um die fehlenden 20 % zum 100 %igen Arbeitsergebnis aufzustocken, bedarf es wiederum ein Vielfaches (ca. 80 %) des Zeiteinsatzes. Die wichtige Frage lautet hier: Steht dieser (hohe) zeitliche Aufwand zum Erreichen der 100 % hier und jetzt dafür? Oder reicht in diesem Fall nicht auch eine 80 %ige Aufgabenerfüllung? Dies führt zu einer effizienten Arbeitsweise, d.h. es hilft, die „Dinge" richtig bzw. angemessen auszuführen.

> Es ist in vielen Fällen wichtiger, die richtigen Dinge zu tun (= Effektivität) als die Dinge richtig zu tun (= Effizienz).

Beispiel

 Sie haben heute mehrere Aufgaben vor sich. Unter anderem müssen Sie eine Präsentation erstellen, die Sie morgen bei einem wichtigen Kunden vorführen müssen. Alle anderen Aufgaben sind weniger wichtig. **Effektiv** handeln Sie dann, wenn Sie zunächst die Präsentation angehen und andere Aufgaben liegen lassen. **Effizient** handeln Sie, wenn Sie den Aufwand für die Präsentation so gestalten, dass sie zu 80 % „passt", sie also im Wesentlichen stimmt: Die Inhalte sind stimmig, die Optik entspricht den üblichen Standards und Sie wissen, was Sie wozu sagen wollen. Aber Sie verzichten darauf, die Präsentation mit hohem zusätzlichen Aufwand zu optimieren, etwa mit aufregenden Animationen oder bis ins letzte Detail ausgefeilten Grafiken. Stattdessen wenden Sie sich Ihrer zweitwichtigsten Aufgabe zu.

Einfach: priorisieren mit Fragen

Wem diese Modelle zu komplex sind und wer statt dessen lieber ausgehend von einem Überblick über seine aktuellen Aufgaben immer wieder neu entscheidet, was er als Nächstes tun will, kann dies anhand folgender Fragestellungen tun.

- Persönliche Ziele: Welche Aufgabe bringt Sie Ihren Zielen näher? Dazu sollten Sie in regelmäßigen Abständen Ihre Ziele ansehen und ggf. überarbeiten.

- Unternehmerische Ziele: Mit welcher Aufgabe tragen Sie zur Umsetzung der Unternehmens- oder Abteilungsziele bei?

- Abhängigkeiten: Hängt von der Erledigung der Aufgabe die Weiterarbeit anderer Personen ab? Wenn eine gesamte Abteilung darauf wartet, dass Sie ein Fehlerprotokoll auswerten, dann wird dies eine höhere Priorität haben als eine Aufgabe, von deren Erledigung niemand abhängt.

- Finanzielle Auswirkungen: Welche Aufgabe bringt dem Unternehmen den größten finanziellen Erfolg bzw. spart ihm das meiste Geld?

- Risiko: Welche Aufgabe trägt das größte Risiko in sich, wenn sie nicht erledigt wird oder eine Weile liegenbleibt?

- Zeit: Wie viel Zeit haben Sie noch zur Verfügung vor dem nächsten Meeting, dem nächsten Termin? Wenn Sie nur noch 5 Minuten haben, werden Sie andere Dinge angehen können, als wenn Sie zwei ruhige Stunden zur Verfügung haben.

- Energie: Wie viel Energie haben Sie gerade zur Verfügung? Wenn Sie gerade im Mittagstief sind, dann sollten Sie nicht die Projektfinanzierung kalkulieren. Dann macht es mehr Sinn, ein paar unkomplizierte E-Mails zu beantworten.

- Kontext: Wo sind Sie und was machen Sie gerade? Welche Arbeitsmittel stehen Ihnen zur Verfügung? Wenn Sie gerade telefonieren, dann macht es vielleicht Sinn, auch noch weitere Telefonate zu erledigen. Wenn Sie auf einer Dienstreise sind, dann können Sie Zeit am Flughafen dazu nutzen, die Unterlagen zum Projekt durchzulesen und sich dazu ein paar Notizen machen.

- Persönliche Kompetenz: Welche Aufgaben müssen unbedingt von Ihnen persönlich erledigt werden? Welche kann auch jemand anderes (vielleicht sogar besser) erledigen?

- Lust: Wonach ist Ihnen gerade? Welche der potenziell anstehenden Aufgaben könnten Sie jetzt mit Spaß und Verve angehen? Aufgaben, die man mit Lust und Spaß erledigt, gehen leichter von der Hand und werden im Ergebnis oft besser erledigt als Tätigkeiten, durch die Sie sich lustlos durchquälen müssen.

- Unangenehme Aufgabe hinter sich bringen: Je länger Sie solche Dinge aufschieben, desto länger müssen Sie an diese denken. Überwinden Sie sich daher und fragen Sie: Welche unangenehme Aufgabe kriege ich heute erledigt und damit aus meinem Kopf?

- Negative Auswahl: Beweisen Sie Mut zur Lücke! Sortieren Sie unwichtige Aufgaben aus. Steht eine Aufgabe bereits seit langem mit niedriger Priorität auf Ihrer To-do-Liste, ist die kritische Frage sinnvoll: Muss ich diese Aufgabe tatsächlich erledigen oder darf ich sie streichen?

Auf einen Blick: Methoden und Techniken

- Es gibt verschiedene Methoden und Techniken, die anstehenden Aufgaben in der richtigen Reihenfolge abzuarbeiten.

- Wenn Sie aus dem Bauch heraus Prioritäten festlegen, sollten Sie nicht nach dem Lustprinzip entscheiden, sondern danach, welche Aufgabe am wichtigsten und nützlichsten ist.

- Sie können auch mit der 1-2-3-Methode Aufgabengruppen von höchster, mittlerer oder niedrigster Wichtigkeit bilden.

- Mit der Eisenhower Matrix klassifizieren Sie Aufgaben in „dringlich" und „wichtig". Sie werden feststellen, dass das Dringliche selten wichtig und das Wichtige selten dringlich ist.

- Oft erledigen wir mit viel Aufwand Aufgaben, die nur wenig zu unserem beruflichen Erfolg beitragen. Mit dem Pareto-Prinzip können Sie erkennen, welche 20 % Ihrer Aufgaben zu 80 % Ihres Erfolges im Job führen.

- Wem die Priorisierung mittels dieser Methoden zu komplex ist, kann anhand sinnvoller Fragestellungen jeden Tag aufs Neue seine Aufgabenrangfolge festlegen.

Prioritäten in den Alltag integrieren

Prioritäten zu setzen ist das eine. Sie in den Alltag zu integrieren und mit ihnen zu arbeiten und zu leben, das andere.

In diesem Kapitel erfahren Sie,

- wie Sie neue Aufgaben in Ihr Prioritätensystem aufnehmen,
- wie Sie einen Wochen- und Tagesplan erstellen,
- wie Sie Ihre Prioritäten bestmöglich einhalten,
- welche Strategien sich bei Prioritätsproblemen anbieten.

Orientierungsphase: Überblick über anstehende Aufgaben

Um Orientierung in Ihrem Arbeitstag zu gewinnen, ist es wichtig, regelmäßig aus dem Hamsterrad des alltäglichen Tuns auszusteigen und sich in Ruhe einen Überblick zu verschaffen. Was ist wichtig? Was ist dringlich? Was werde ich als Nächstes tun?

Ihre Vorgehensweise in der Orientierungsphase sollte Folgende sein:

1   Kontrollieren Sie Ihre bestehende Liste: Was kann als erledigt abgehakt werden?

2   Sichten Sie Ihre neue Post (E-Mails, Briefe), Notizen aus Besprechungen, Protokolle und alles weitere, womit neu hinzugekommene Aufgaben verbunden sein können.

3   Entscheiden Sie über die weitere Bearbeitung: Wer? Wann? Was genau?

4   Ergänzen Sie dementsprechend Ihre To-do-Liste bzw. die anderen Listen.

5   Priorisieren Sie innerhalb Ihrer To-do-Liste.

Wir empfehlen Ihnen, dies einmal morgens und einmal abends zu tun, um einen guten Überblick zu erhalten. Natürlich sichten Sie auch im Laufe des Tages Ihre E-Mails (am besten zwischen abgeschlossenen Arbeitsblöcken). Aber durch die Orientierungsphase haben Sie eine gute Ausgangslage, die neu hinzugekommenen Aufgaben schnell zu bewerten und in Ihre Prioritätenliste einzuordnen.

Was tun mit neuen Aufgaben?

Im Folgenden beschreiben wir Ihnen die wichtigsten Entscheidungskriterien, die Sie beim Eingang neuer Aufgaben beachten sollten.

Schritt 1: Was muss getan werden?

Im ersten Schritt sichten Sie, was bei Ihnen neu eingegangen ist und ob hierzu etwas veranlasst werden muss.

Muss nichts getan werden, entscheiden Sie:

- Brauchen Sie es nicht mehr, landet es im Papierkorb.
- Wollen Sie es als Information aufbewahren, kommt es in Ihre Ablage.
- Muss im Moment nichts konkret erledigt werden, wollen Sie es sich aber für die Zukunft als Idee merken, dann legen Sie es in einer Liste oder einem Ordner „Ideenspeicher" ab.

Muss etwas getan werden, dann formulieren Sie konkret, welche Teilschritte zur Erledigung der Aufgabe notwendig sind.

Schritt 2: Wen betrifft es?

Ist eine Aufgabe bei Ihnen gelandet, ist aber jemand anderes zuständig oder können Sie diese Aufgabe an jemanden delegieren?

- Leiten Sie die Aufgabe an diese Person weiter.
- Wenn Sie die Bearbeitung der Aufgabe nachverfolgen müssen, kommt dies als Aufgabe mit Termin auf Ihre To-do-Liste.

Sind Sie für die Bearbeitung dieser Aufgabe zuständig, dann gehen Sie zu Schritt 3 über.

Schritt 3: Wie wichtig ist die Aufgabe?

Auch wenn die endgültige Priorisierung erst später vorgenommen wird, (nämlich erst dann, wenn Sie einen Überblick über alle Aufgaben haben) erfolgt an dieser Stelle dennoch eine erste Einschätzung zur Wichtigkeit der Aufgabe. Also darüber, wie relevant diese Aufgabe für die Erreichung Ihrer Ziele ist, der Ziele der Abteilung oder des Unternehmens. Prüfen Sie auch überschlägig, ob andere von der Erledigung abhängen, und ähnliche Kriterien, die über Wichtigkeit entscheiden. In dieser Phase unterscheiden Sie lediglich zwischen „wichtig" und „weniger wichtig".

Schritt 4: Eilt es?

Nun überprüfen Sie die Dringlichkeit. Bis wann muss diese Aufgabe erledigt sein?

Schritt 5: Wie hoch ist der Zeitbedarf?

Im letzten Schritt überprüfen Sie den notwendigen Zeitbedarf zur Erledigung dieser Aufgabe. Um zu einer realistischen Einschätzung zu kommen, müssen Sie evt. Teilschritte definieren.

Mögliche Ergebnisse

- **Wichtige Aufgaben mit hoher Dringlichkeit:** Diese müssen Sie sofort erledigen. Wenn die Bearbeitung zeitintensiv ist, kann es Sinn machen, sich Unterstützung von Kollegen zu holen.

- **Wichtige Aufgaben mit niedriger Dringlichkeit** gehören auf Ihre To-do-Liste. Ist deren Bearbeitung mit einem hohem Zeitbedarf verbunden, macht es Sinn, sie gleich in Unterschritte aufzuteilen. Braucht diese Bearbeitung nur wenig Zeit, können Sie diese evt. auch sofort erledigen. Das hängt davon ab, wie viele **wichtige und dringliche** Themen Sie in dem Moment zu bearbeiten haben.

- Vorsicht ist geboten bei **eiligen, weniger wichtigen Dingen mit niedrigem Zeitbedarf.** Allzu gerne denkt man hier: „Ach, das ist doch schnell erledigt", aber falls Sie davon mehrere abarbeiten, kann dies Ihre Ressourcen Zeit und Energie ganz schön binden. Prüfen Sie daher genau, ob Aufwand und Nutzen in einem sinnvollen Verhältnis stehen und welche anderen Aufgaben in dieser Zeit liegen bleiben würden. Unser Tipp: Sammeln Sie diese Aufgaben für ein mittägliches Tief oder für kleine Lücken zwischendurch.

- **Unwichtige, nicht dringliche Aufgaben mit niedrigem Zeitbedarf** kommen – wenn überhaupt – auf die „Ideenspeicher"-Liste. Aber auch hier gilt: lieber eine Aufgabe aus dieser Kategorie ablehnen als zu viele annehmen und sie somit aufwändig weiter „verwalten".

- Die letzte Kategorie betrifft **unwichtige Aufgaben mit hohem Zeitbedarf,** egal ob dringlich oder nicht. In den

seltensten Fällen ist es sinnvoll, für diese Aufgaben Zeit zu
investieren, weil Sie meist etwas Wichtigeres liegen lassen
müssten. Daher gilt: im Zweifelsfall ablehnen oder löschen.

Priorisierungsmatrix

Wichtig	Eilt	Zeit-bedarf	Ergebnis
+	+	+	A: sofort und selbst
+	–	+	B: evt. in Unterschritte aufteilen; auf To-do-Liste, terminieren, evt. im Kalender Zeit dafür blocken
+	+	–	Kleine A: sofort machen; evt. nach Durchsehensphase terminieren
+	–	–	Kleine B: sofort oder auf To-do-Liste
–	+	?	C: kritisch hinterfragen; evt. sofort machen in Abhängigkeit vom Zeitbedarf
–	–	–	Vielleicht irgendwann
–	?	+	Papierkorb

Generell gilt: Nehmen Sie jeden Vorgang nur einmal in die Hand, und
zwar nur dann, wenn Sie bereit sind, eine Entscheidung über das weitere
Bearbeiten zu treffen. Ein mehrfaches In-die-Hand-Nehmen kostet Sie
wertvolle Zeit.

Aufgabe in die richtige Liste übertragen

Nun müssen Sie die Ergebnisse dieser Entscheidungen in Ihr System einpflegen:

- Termine gehören in den Kalender
- Aufgaben finden Platz auf Ihrer To-do-Liste, in der Wiedervorlage oder im Ideenspeicher
- Größere Projekte nehmen Sie in die Projektliste auf
- Informationen werden in der Ablage aufbewahrt

Priorisieren

Nun können Sie mit Hilfe der bereits vorgestellten Methoden priorisieren: Was ist jetzt/heute/diese Woche zu tun?

Haben Sie diese Entscheidung getroffen, ist es sinnvoll, anhand dieser Prioritäten den Tag oder die Woche zu planen.

Wie Sie Prioritäten einplanen

Denken Sie nochmals an die Geschichte mit den großen Steinen. Um Zeit für Ihre großen grauen Steine – Ihre zentralen Prioritäten – zu haben, ist es notwendig, in Ihrem Tages- oder Wochenplan Zeiten dafür zu blocken. Sonst werden Sie von einer Flut aus kleinen Kieseln überschüttet.

Tage und Wochen strukturieren

Hier stellt sich gleich die erste Frage: Wie viel Ihrer Zeit ist überhaupt verplanbar?

Wenn Sie sehr fremdbestimmt arbeiten, wie z.B. als Team-Assistentin, dann können Sie nur einen geringen Anteil Ihrer Zeit selbstständig planen. Arbeiten Sie hingegen selbstbestimmt, so haben Sie einen größeren zeitlichen und planerischen Freiraum. Oft ist dieser jedoch deutlich geringer als Sie denken. Nutzen Sie die folgende Übung, um herauszufinden, wie viel Ihrer Zeit Sie tatsächlich verplanen können.

Übung: Wie viel Zeit haben Sie wirklich?

Notieren Sie eine Woche lang, wie viel Zeit Sie für Ungeplantes verwendet haben. So erhalten Sie eine realistische Einschätzung über den Anteil Ihrer planbaren Arbeitszeit. Im Zweifelsfall gehen Sie lieber von weniger planbarer Zeit aus und freuen sich dann über entstandene Freiräume.

Die planbare Zeit können Sie in verschiedene Blöcke aufteilen. Wir empfehlen Ihnen, zumindest für die drei folgenden Bereiche Freiräume einzuplanen.

1   Orientierungsphase: Die bereits beschriebene Orientierungsphase dient dem grundsätzlichen Überblick: Was ist zu tun? Sie findet ein- bis zweimal täglich statt und sollte einmal pro Woche bzw. alle 14 Tage ausführlicher gestaltet werden, um zu überprüfen, ob man alle strategischen Vorhaben (B-Aufgaben, individuelle Werte und Zielvorhaben) verfolgt oder im Blick hat.

2   E-Mails lesen und bearbeiten: Jedes E-Mail-Lesen ist eine Mini-Orientierungsphase, in der Sie die neuen E-Mails bewerten und in Ihren bisherigen Prioritätenplan einsortieren. Tun Sie dies daher nicht mal eben nebenbei, sondern investieren Sie Zeit und Aufmerksamkeit dafür. Dies ist also ein eigenständiger Arbeitsblock, den Sie nach Beendigung Ihrer vorherigen Aufgaben angehen.

3   Konzentrationsarbeitszeit: Blockieren Sie, wenn möglich, pro Tag ein bis zwei Zeitblöcke von 60 bis 90 Minuten, in denen Sie konzentriert an einer wichtigen Aufgabe oder einem Aufgabenblock arbeiten. Schließen Sie in dieser Zeit Ihre Tür, stellen Sie das Telefon auf den Anrufbeantworter um oder leiten es an Kollegen weiter und schalten Sie Ihr Handy aus. Falls Sie in dieser Zeit mit dem Mailprogramm arbeiten müssen, dann macht es Sinn, die automatische Übermittlung von E-Mails vorübergehend zu unterbinden, damit Ihnen in dieser Zeit keine neuen E-Mails zugestellt werden (zum Einrichten dieser Funktion siehe Kapitel „Priorisieren mit den neuen Medien").

Eine Studie von Cornelius König, Professor für Arbeits- und Organisationspsychologie an der Universität des Saarlandes, hat die Effekte dieser „Stillen Stunde" in einem Feldversuch nachgewiesen. Sein Ergebnis: Nicht nur steigt die Qualität der in dieser Stunde geleisteten Arbeit, auch die restliche Arbeitszeit wird als effizienter und zufriedenstellender erlebt. Voraussetzung für deren Erfolg ist, dass Sie genügend Selbstdisziplin aufbringen, um diese Stille Stunde auch konsequent als solche zu gestalten. Tauschen Sie sich vorab mit Ihrem

Vorgesetzten darüber aus, ob er eine solche Arbeitsweise auch toleriert.

Oft bietet sich für diese Konzentrationsarbeitszeit der frühe Vormittag oder der späte Nachmittag an. Letzterer allerdings mit der Einschränkung, dass hier Ihre Konzentrationsfähigkeit oft nicht mehr so gut ist wie am Morgen und dass etwas Unvorhergesehenes Ihnen einen Strich durch die Planung machen kann.

Unser Tipp: Packen Sie möglichst gleich am Morgen eine wichtige Aufgabe an. Und zwar, bevor Sie Ihre E-Mails oder die Post sichten. Sie werden erstaunt sein, wie zufriedenstellend es ist, gleich als Erstes bei einem wichtigen Thema vorangekommen zu sein. Das geht natürlich nur an Arbeitsplätzen, in denen Sie nicht sofort verfügbar sein müssen für Kunden oder Kollegen. Selbst in solchen Fällen würden wir Sie ermutigen, es irgendwie einzurichten, und sei es in Absprache mit den Teamkollegen, dass jeder zumindest an einem Tag der Woche gleich morgens eine „Stille Stunde" einrichten kann.

Damit Ihnen kein anderer diese Konzentrationsarbeitszeiten nehmen kann, sollten Sie sie in Ihrem elektronischen Kalender als „gebucht" kennzeichnen oder als Termin mit sich selbst.

Geeignete Zeitfenster finden

Beobachten Sie eine Woche lang Ihren Arbeitstag:

- Wann ist die Betriebsamkeit am geringsten? Wann kommen wenige Telefonate, Besuche von Kollegen, Anfragen etc.?

- Wie sieht es mit Ihrer Energie aus? Zu welcher Tageszeit arbeiten Sie am konzentriertesten oder kreativsten?

- Wann könnten Sie Konzentrationsarbeitsblöcke am besten in Ihre Tagesstruktur integrieren?

- Was braucht es dazu? Müssen Sie sich mit einem Kollegen abstimmen, damit Sie sich gegenseitig am Telefon vertreten? Können Sie bestimmte Dinge zu Hause in Ruhe erledigen und dafür an manchen Tagen erst später kommen? Gibt es einen Raum, in den Sie sich für bestimmte Zeiten zurückziehen können?

> Sobald Sie einen geeigneten Zeitpunkt gefunden haben, probieren Sie zwei Wochen lang aus, konsequent diese Konzentrationsphasen einzuhalten. Werten Sie dann die Nützlichkeit dieser Phasen für Ihre Arbeit aus.

Ein Tagesplan als Beispiel

Es gibt natürlich keine Pauschallösung für eine Tagesplanung. Wir wollen aber am Beispiel eines gewissen Herrn Bremelau aufzeigen, wie eine solche Tagesstruktur aussehen kann.

Beispiel

 Herr Bremelau kommt um 8:30 Uhr ins Büro. Noch bevor er sein E-Mail-Programm öffnet, startet er den Arbeitstag mit einer wichtigen A- oder B-Aufgabe, die er am Vorabend als Prio 1 für den Folgetag definiert hat. Um 9 Uhr platzt ein Kollege herein mit einer Frage. Herr Bremelau sagt ihm seine Unterstützung für später zu. Dann arbeitet er konzentriert weiter. Um 9:30 Uhr nimmt er sich 30 Minuten Zeit für seine morgendliche Orientierungsphase: Er sichtet seine Mails sowie die weitere Post, schaut in seinen Kalender und verschafft sich damit einen Überblick, was an dem Tag ansteht. Aufbauend darauf setzt er seine Prioritäten für den Tag.

Nun nimmt er sich einen Kaffee, macht 10 Minuten Pause und geht anschließend zu seinem Kollegen, um dessen Frage zu beantworten. Den Vormittag verbringt er mit der Abarbeitung der festgelegten Aufgaben. Nach jedem Aufgabenblock sichtet er seine E-Mails und sortiert die darin enthaltenen Aufgaben in seine Prioritätenliste ein. Genauso verfährt er mit Aufgaben, die vom Chef auf den Schreibtisch gelegt werden, und telefonischen Anfragen.

Von 12:30 bis 13:15 Uhr macht er Mittagspause.

An diesem Tag steht für 14 Uhr eine Besprechung an. Daher sichtet Herr Bremelau vorher noch die dafür nötigen Unterlagen und beantwortet in den verbleibenden 15 Minuten noch einige wichtige E-Mails. Aus der Besprechung kommend, verschafft er sich nochmals einen kurzen Überblick, welche neuen E-Mails inzwischen eingegangen sind, und schreibt die sich aus der Besprechung ergebenden Aufgaben auf seine To-do-Liste. Dann macht er sich um 15:30 wieder an seine für den Tag als nächste Prio definierte Aufgabe. Hier wird die konzentrierte Arbeit durch häufige Anrufe gestört, die leider auch sehr wichtige und dringliche Aufgaben beinhalten. Er arbeitet den Teilschritt der geplanten Aufgabe zu Ende, macht sich Notizen dazu, was weiter zu tun ist und wendet sich dann den neu hinzugekommenen Aufgaben zu.

Um 16:45 Uhr schaut er nochmals in seine E-Mails und auf die To-do-Liste und überlegt, was er heute erledigt hat und was für morgen ansteht. Er legt sich für die morgendliche Konzentrationsphase eine Aufgabe zurecht. Danach fährt er den Computer herunter und geht nach Hause.

Uhrzeiten	Tätigkeiten
8.30 – 9.30	1. Konzentrationsphase
9.30 – 10.00	1. Orientierungsphase
10.00 – 10.15	Pause
10.15 – 12.30	Arbeitsphase inkl. E-Mail-Phase

Uhrzeiten	Tätigkeiten
12.30 – 13.15	Mittagspause
13.15 – 16.45	Arbeitsphase inkl. E-Mail- und Konzentrationsphase und Pause
16.45 – 17.00	2. Orientierungsphase
17.00	Feierabend

Die gesetzten Prioritäten einhalten

Entscheidend ist nicht, was Sie sich vornehmen, sondern wie Sie handeln. Das bedeutet: Haben Sie eine Aufgabe als Prio 1 oder A-Aufgabe erkannt, dann sollten Sie diese auch tatsächlich anpacken – und sich nicht durch E-Mails, Kollegen, Spontan-Aufgaben oder gar vom Lustprinzip („Ach, das macht mir jetzt mehr Spaß!") ablenken oder stören lassen. Arbeiten Sie konzentriert diese eine Aufgabe ab. Wenden Sie sich dann erst der nächsten Aufgabe zu. Schauen Sie in dieser Zeit keine E-Mails an und sichten Sie keine Post. Achten Sie darauf, die Unterbrechungen der priorisierten Arbeit so gering wie möglich zu halten.

Alltags-Check: Haben Sie realistisch geplant?

Nehmen Sie sich eine Woche Zeit, um zu überprüfen, wie gut Ihre gesetzten Prioritäten mit Ihrer Zeitplanung übereinstimmen.

Schritt für Schritt: Planung überprüfen

 1. Planen Sie morgens, was Sie am Tag erreichen wollen.

 2. Schätzen Sie realistisch den dafür notwendigen Zeitaufwand.

 3. Planen Sie Zeit für Unvorhersehbares ein.

 4. Führen Sie nun im Laufe des Tages Protokoll: Notieren Sie jeweils, was Sie machen und wie lange dies dauert. Notieren Sie auch Kleinigkeiten, denn 5 Minuten Mails beantworten hier und 3 Minuten Telefonieren da summieren sich am Ende des Tages.

 5. Überprüfen Sie am Ende des Tages Ihre gesetzten Prioritäten und Ihre Zeitverwendung anhand folgender Fragen:

- Wie hoch war die Übereinstimmung von Plan und Ist?
- Wo ist Ihnen die Einhaltung Ihrer Prioritäten gut gelungen? Wo weniger?

 6. Überprüfen Sie nun die einzelnen Tätigkeiten mit folgenden Fragen:

- War die Tätigkeit überhaupt notwendig?
- War die Ausführung effizient – sprich konzentriert und ressourcenschonend? Stand der Zeitaufwand in einem guten Verhältnis zur Wichtigkeit und zum Nutzen der Aufgabe?
- War der Zeitpunkt der Ausführung sinnvoll?

7. Überlegen Sie zum Schluss:

- Was läuft gut und soll so bleiben? Wo gelingt es Ihnen, Ihre Prioritäten zu leben?

- Welche Ideen zur Verbesserung haben Sie? Was wollen Sie konkret tun, um Ihre gesetzten Prioritäten noch besser zu leben?

Nähere Informationen zu Apps und Software-Tools, die Ihnen dabei helfen, finden Sie im Kapitel „Priorisieren mit den neuen Medien".

Störungen minimieren

Durch Störungen werden wir vom Geplanten abgehalten oder in unserer Arbeit unterbrochen. In vielen Fällen kann man nichts dagegen unternehmen: einen Mitarbeiter im Kundenservice wird das Klingeln des Telefons immer in seiner Arbeit unterbrechen – es gehört zu seiner Aufgabe. Eine Verkäuferin muss auf eine spontane Anfrage eines Kunden reagieren – das ist ihr Job.

Und dennoch: Während Sie an einer wichtigen Aufgabe arbeiten, sollten Sie die Störungspotenziale minimieren.

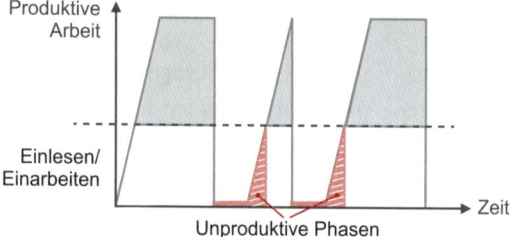

Unproduktive Phasen

Ineffizient: Sie lassen sich in Ihrer Arbeit mehrfach unterbrechen und müssen sich danach jeweils wieder mühsam neu einarbeiten bzw. einlesen. Diese Phasen sind unproduktiv und kosten Sie unnötig Zeit und Energie, wie auch die Abbildung oben zeigt.

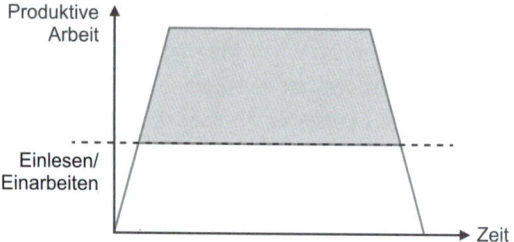

Effizient: Sie arbeiten konsequent an einer Aufgabe, bis Sie diese erledigt haben. So haben Sie nur eine einmalige Einarbeitungszeit, sparen Zeit und Energie und arbeiten deutlich konzentrierter.

Sollten sich Störungen nicht vermeiden lassen, versuchen Sie, zumindest die Unterbrechung kurz zu halten. Bieten Sie einen Rückruf an, bitten Sie den Kollegen später nochmals zu kommen. Oder nehmen Sie die Aufgabe so zügig wie möglich auf, indem Sie z.B. zunächst schnell entscheiden, ob Sie überhaupt der Richtige für die Aufgabe sind. Falls ja, notieren Sie die Aufgabe auf Ihrer To-do-Liste oder bitten Sie Ihren Kollegen, Ihnen dazu eine E-Mail zu schreiben. Dann wenden Sie sich wieder Ihrer ursprünglichen Aufgabe zu, bis diese erledigt ist.

Nein sagen

Viel zu oft lassen wir uns zu Aufgaben überreden oder trauen uns nicht, Nein zu sagen. Meist aus Höflichkeit, Loyalität oder Ähnlichem.

Bevor Sie sich überfahren lassen und übereilt eine Zusage machen, die Sie später bereuen, bitten Sie lieber um Bedenkzeit. Machen Sie sich bewusst: Ein klares „Nein" im Vorfeld ist oft besser, als zuzusagen und das Zugesagte dann nicht zu schaffen.

Haben Sie sich entschieden, die Aufgabe abzulehnen, gibt es mehrere Möglichkeiten, dieses Nein zu formulieren. Wie Sie Ihr Nein verpacken, hängt stark von Ihrem Gegenüber und der jeweiligen Situation ab.

Nein-Strategien	Beispiele
Begründung liefern	• Nein, wir machen so etwas grundsätzlich nicht ... • Nein, ich bin im Moment mit Projekt A völlig ausgelastet.
Verschieben	Heute geht es nicht, aber bis morgen kann ich ...
Folgen erfragen	Was für Auswirkungen hat es, wenn ich es nicht schaffe?
Eigenen Willen aufzeigen	Ich will das nicht.
Variante anbieten	Das geht nicht. Stattdessen kann ich Ihnen anbieten ...
Anfrage wertschätzen	Ich verstehe, dass es für Sie wichtig ist, aber wir sind gerade dabei, das System umzustellen. Daher kann ich Ihnen die Daten momentan leider nicht zukommen lassen.
Bedingungen/Konsequenzen aufzeigen	Wenn ich diese Aufgabe übernehme/bis morgen erledigen soll, dann muss ich Folgendes weglassen ...

Beobachten Sie Kollegen, die sich gut abgrenzen können. Wie formulieren diese ein Nein? Könnten Sie das auch einmal ausprobieren?

Mit schwierigen Situationen umgehen

Der Umgang mit Prioritäten innerhalb eines Systems ist nicht einfach. Dinge ändern sich, es gibt Abhängigkeiten, und unterschiedliche Ziele sind zu berücksichtigen. Die Kriterien, nach denen andere Prioritäten setzen, sind nicht immer klar. Dies macht es für den Einzelnen schwierig, konsequent seine eigenen Prioritäten zu verfolgen.

Uns ist bewusst, dass wir hier keinen pauschalen Tipp geben können, der auf alle Fälle passt. Dazu sind die Situationen zu komplex und unterschiedlich. Es lassen sich jedoch Ansatzpunkte aufzeigen, wie man mit typischen Schwierigkeiten umgehen kann.

Was tun, wenn sich Prioritäten (immer wieder) ändern?

Beispiel

 Sie sitzen seit zwei Tagen über einem wichtigen Konzept. Übermorgen soll es auf einem Vertriebsmeeting vorgestellt werden. Plötzlich kommt Ihr Vorgesetzter: Das Meeting wurde abgesagt. Das Konzept wird nicht mehr benötigt. Dafür braucht er ganz dringend bis heute Nachmittag eine Auswertung für die Vorstandssitzung.

Es erzeugt Frust, wenn Prioritäten von anderen ständig geändert werden. Man investiert Zeit und Energie in eine Aufgabe – und erfährt kurz vor Beendigung, dass die Aufgabe hinfällig geworden ist.

Was können Sie tun? Manchmal verändern sich Prioritäten aufgrund von Faktoren, die Sie nicht oder wenig beeinflussen können (z. B. sich ändernde Marktbedingungen). Hier bleibt Ihnen nur, diese Änderungen zu akzeptieren. Liegt es an Ihrem Chef, der dauernd seine und damit auch Ihre Prioritäten wechselt, dann kann es sinnvoll sein, ihn in Ruhe darauf anzusprechen, wie man mit dieser Situation zukünftig bestmöglich umgehen kann.

Verschieben sich Ihre selbst gesetzten Prioritäten dauernd, dann sollten Sie sich die Zeit nehmen, um sich Ihre grundsätzlichen Ziele und die Ziele Ihrer Abteilung oder Ihres Unternehmens nochmals vor Augen zu führen. Erst wenn Ihnen klar ist, wo Sie bzw. Ihre Abteilung hinwollen, ist es möglich, Prioritäten klar und konsequent zu setzen.

Was tun, wenn zu viele Aufgaben mit hoher Priorität vorliegen?

Ob als Teammitglied oder als Einzelperson: Sie haben das Gefühl, viel zu viele Aufgaben mit (sehr) hoher Priorität auf dem Tisch zu haben.

In solchen Situationen sollten Sie hinterfragen: Ist es ein Ressourcenproblem? Oder handelt es sich bei den Aufgaben um selbstverschuldete A-Prioritäten? Oder C-Aufgaben, die Sie aufgrund der Dringlichkeit fälschlicherweise als A-Aufgaben eingestuft haben?

Wenn es sich um ein Ressourcenproblem handelt: Ressourcen können Sie selbst erhöhen, indem Sie z. B. Kollegen um Hilfe bitten. Wenn dies aber nicht möglich ist, delegieren Sie die Entscheidung nach oben und bitten Sie Ihren Chef um eine Klärung der Wichtigkeiten bzw. um die Bereitstellung zusätzlicher Ressourcen. In der Praxis führt das meist jedoch nicht zu einer Lösung, denn auch Ihr Chef kann nicht so ohne Weiteres zusätzliche Ressourcen beschaffen. Formulieren Sie hier aber dennoch klar und deutlich, was Sie erreichen können und was nicht.

Sind es selbstverschuldete A-Aufgaben, dann prüfen Sie, wie Sie regelmäßig kleinere Zeiträume für die Bearbeitung von Aufgaben einplanen können, die noch nicht so dringlich sind. So verhindern Sie, dass diese zu A-Aufgaben werden.

Was tun, wenn Prioritäten unklar sind?

Beispiel

 Sie bekommen von Ihrem Vorgesetzten im Laufe der Woche verschiedene Aufgaben zur Erledigung. Bei der Durchsicht wird Ihnen bewusst, dass Sie sie nicht priorisieren können, da Ihr Vorgesetzter alle Aufgaben als wichtig deklariert hat.

Fragen Sie sich in solchen Fällen: Können Sie selbst zur Klärung beitragen? Nach welchen Kriterien würden Sie die Wichtigkeit der Aufgabe einschätzen?

Wenn Sie selbst diese Klärung nicht herbeiführen können, dann fragen Sie Ihren Vorgesetzten. Geben Sie ihm einen Überblick, was Sie derzeit alles auf dem Schreibtisch liegen haben und bitten Sie ihn basierend auf diesem Überblick um eine Entscheidung zu den Prioritäten.

Was tun, wenn die eigenen Prioritäten ständig zu kurz kommen?

Beispiel

 Sie hatten Ihrer Tochter fest versprochen, heute Abend bei deren Schulaufführung dabei zu sein. Kurz bevor Sie das Büro verlassen wollen, bittet Sie Ihr Vorgesetzter, für die morgige Vorstandssitzung noch wichtige Präsentationsfolien zu erstellen.

Sie können in solchen Fällen natürlich einfach akzeptieren, dass es so ist. Manchmal führt ein großes Projekt eben dazu, dass andere Dinge eine Zeit lang zu kurz kommen. Aber es sollte nicht zur Gewohnheit werden, dass Privates hinter beruflichen Verpflichtungen zurücksteht. Fragen Sie sich daher: Wenn mein Chef mich dasselbe fragen würde und ich hätte einen wichtigen Kundentermin zu der Uhrzeit, könnte ich ihm dann die Bitte abschlagen? Wenn Ihre Antwort dann anders ausfällt, hilft es vielleicht, sich zu überlegen, wie wichtig Ihnen Ihr Privatleben ist, ob dieses nicht ähnlich wichtig sein sollte wie ein Kunde.

Überlegen Sie daher grundsätzlich, wie Ihre eigenen Prioritäten mehr Platz bekommen könnten, auch wenn das im Konkreten nicht immer einfach ist. Machen Sie sich klar, dass es Ihr Leben ist. Nehmen Sie sich und Ihre privaten Werte und Ziele ernst!

Was tun, wenn Ihre Prioritäten mit denen anderer in Konflikt stehen?

Beispiel

 Sie sind Mitarbeiter in einem Projektteam. Um an Ihrem Thema weiterarbeiten zu können, brauchen Sie dringend ein Arbeitsergebnis Ihres Teamkollegen. Dieser aber hat für sich ganz andere Prioritäten gesetzt und lässt Ihre Unterlagen versehen mit der Priorität C liegen. Was tun?

Hier hilft nur eines: Sprechen Sie mit dem Kollegen!

- Fragen Sie nach, warum es zu der Verzögerung kommt. Vielleicht fehlen Informationen von Ihnen.

- Machen Sie damit zusammenhängende Deadlines deutlich und setzen Sie klare Termine.

- Bitten Sie um rechtzeitige Rückmeldung, falls der Kollege den vereinbarten Termin nicht einhalten kann.

- Zeigen Sie Verständnis für das Zeitproblem des Kollegen und suchen Sie gemeinsam nach einer guten Lösung.

- Überlegen Sie, ob Ihnen auch ein Teilergebnis weiterhelfen würde. Falls ja, machen Sie deutlich, wie das aussehen kann.

- Wenn dies alles nicht hilft, bitten Sie Ihren Vorgesetzten, die Prioritätskonflikte zu klären.

Was gehen Sie als Führungskraft mit verschiedenen Prioritäten um?

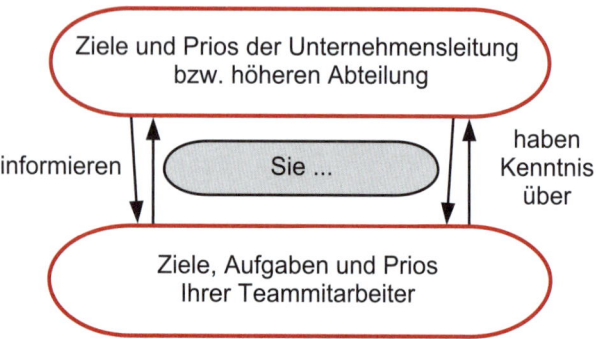

Sandwichposition von Führungskräften

Als Führungskraft müssen Sie sich nicht nur mit Ihren eigenen Prioritäten auseinandersetzen. Sie bekommen auch Vorgaben und Aufgaben von Ihrem eigenen Chef. Und auch Ihre Mitarbeiter haben Vorstellungen zu ihren Prioritäten bzw. zu denen im Team. Sie befinden sich also in einer Sandwich-Position, in der von zwei Seiten Anforderungen an Sie gestellt werden, die auf Ihre eigenen Vorstellungen treffen.

Ihre Verantwortung ist es dabei, die Ressourcen des Teams gut im Blick zu haben und zu steuern. Tauschen Sie sich daher regelmäßig mit Ihren Mitarbeitern darüber aus, an welchen Aufgaben diese gerade arbeiten, wie stark sie damit ausgelastet sind und wie der Bearbeitungsstand ist. Sinnvolle Hilfsmittel dafür sind – ähnlich wie beim eigenen Priorisieren – folgende:

- Eine Projektliste: Sie sollte die jeweiligen Personen nennen, die an den Projekten arbeiten, und eine Aufwandsschätzung enthalten.

- Ein Team-Kanban-Board: Dies eignet sich vor allem dann, wenn mehrere Personen die verschiedenen Aufgaben bearbeiten können, eine klare Zuteilung also nicht notwendig ist.

- Teambesprechungen sind eine gute Möglichkeit abzuklären, wer was als Nächstes tun soll. So sehen Sie sofort, wo Ihre Mitarbeiter Prioritäts- oder Ressourcenkonflikte haben. Sie können gemeinsam überlegen, was Sie dagegen tun können. Verzichten Sie jedoch darauf, bei jeder einzelnen Aufgabe den Stand der Dinge ausführlich abzufragen. Dies wird von den meisten Mitarbeitern als zäh und ineffektiv empfunden.

- Nutzen Sie auch Einzelgespräche mit Ihren Mitarbeitern, um sich einen Überblick über deren Arbeit zu verschaffen. Hier können Sie gezielter ins Detail gehen und Schwierigkeiten beim individuellen Priorisieren besprechen.

Verändern sich Prioritäten, sollten Sie dies so schnell wie möglich kommunizieren. Es demotiviert Ihre Mitarbeiter, wenn sich die Prioritäten verschoben haben, sie dies aber noch nicht wissen und daher Energie in die Erledigung inzwischen unwichtiger Dinge stecken.

Es ist auch Ihre Aufgabe und Verantwortung als Führungskraft, bei Prioritätenkonflikten mit anderen Abteilungen oder Ressourcenproblemen im Team für eine Klärung mit der nächst höheren Führungsebene zu sorgen.

Auf einen Blick: Prioritäten in den Alltag integrieren

- Nur wer sich die Zeit nimmt, neue Aufgaben in Ruhe zu erfassen und zu priorisieren, behält den Überblick über all seine Verantwortungsbereiche.

- Ein strukturierter Tages- und Wochenplan hilft dabei, die einmal gesetzten Prioritäten im Alltag auch einzuhalten.

- Prioritäten sind nicht in Stein gemeißelt. Von Zeit zu Zeit sollten Sie überprüfen, ob Ihre Planung dem Alltag standhält, Sie also realistisch geplant haben.

- Die schönsten Prioritäten helfen nichts, wenn sie bei der ersten Störung von außen über Bord geworfen werden. Nur wer auch einmal Nein sagt und Störungen so weit wie möglich vorbeugt, kann seinen Aufgabenplan einhalten.

- Nicht nur Sie setzen Prioritäten, auch Ihre Chefs und Ihre Kollegen tun es und kommen damit Ihren To-dos in die Quere. Sie sollten mit der richtigen Strategie gut auf solche Konflikte vorbereitet sein.

Priorisieren mit den neuen Medien

Outlook, Internet und Smartphone – moderne Techniken bieten viele Möglichkeiten, noch einfacher und schneller zu priorisieren. Auf der anderen Seite können sie wahre Zeitfresser sein und überschütten uns mit oft unwichtigen Informationen.

In diesem Kapitel erfahren Sie,

- wie Sie sich vor der Informationsflut schützen,
- wie Sie mithilfe von Outlook noch besser priorisieren,
- wie Sie das Internet richtig nutzen,
- wie Sie von XING, Facebook & Co. profitieren,
- welche Hilfen das Smartphone beim Priorisieren bietet.

Strategien gegen den Informationsüberfluss

Das Internet hat unseren Umgang mit Information und Kommunikation revolutioniert. Es liefert uns mehr Informationen als je zuvor – und das immer schneller, jederzeit und überall. Mit dem World Wide Web und darauf basierenden Anwendungen wie Social Media hat sich die Menschheit die größte Informationssammlung ihrer Geschichte geschaffen. Das erleichtert Vieles: So stehen Informationen, die früher nur nach langwieriger Suche zugänglich wurden, heute per Mausklick innerhalb von Sekunden zur Verfügung.

Schreiben Sie noch viele Briefe oder Faxe? Wohl kaum. Die elektronische Kommunikation mittels E-Mail, Facebook oder Messaging-Tools macht eine schnellere und effizientere Abstimmung möglich als das der klassische Brief je konnte. Die Verbreitung von Smartphones schließlich löst die Arbeit von Arbeitsplatz und Arbeitszeiten. Das Motto: überall und jederzeit!

So viele Vorteile diese neuen Entwicklungen auch haben: Die zunehmende Komplexität von Information und Kommunikation verwirrt oft mehr, als dass sie hilft; die schiere Masse an Information ist wie eine Flutwelle, die über Sie hinwegrollt.

Beispiel

 Wie gehen Sie vor, wenn Sie sich eine neue kleine Fotokamera zulegen wollen? Früher besorgten Sie sich vielleicht eine Testzeitschrift, um sich einen Überblick zu verschaffen, gingen in ein bis zwei Fachgeschäfte – und kauften dann die Kamera, die dabei am überzeugendsten abschnitt.

Heute dagegen studieren viele Menschen Dutzende von Tests im Web, lesen Kundenbewertungen, vergleichen Modelle nach unzähligen Kriterien, suchen zehn verschiedene Online-Shops und noch einige Auktionsplattformen auf, bis sie sich schließlich (oft genervt und erschöpft) zum Kauf des „besten" Produkts entscheiden. Und sobald die Kamera gekauft ist, stellt man fest, dass gerade ein neues Modell erschienen ist – noch besser und günstiger als das eben gekaufte.

Wie gehen Sie mit dieser Informationsflut um? Sind Sie immer noch der Meinung, dass Informationen knapp sind und Informationsmanagement vor allem bedeutet, möglichst alle relevanten Informationen zu sammeln, zu sichten und zu gewichten? Dann gehören Sie zu den sog. „Maximierern" – Sie leiden besonders unter den vielfältigen neuen Möglichkeiten.

Oder orientieren Sie sich daran, dass wir heute in einer Welt des Informationsüberflusses leben? Wer heute nach Vollständigkeit strebt, läuft Gefahr, sich zu verzetteln und damit zu scheitern. Effizient und erfolgreich sind eher diejenigen, die auf die Idee der 100 %-Lösungen verzichten und sich mit einer Annäherung begnügen. Als ein solcher „Optimierer" kommen Sie gelassener und stressfreier durchs Leben.

Von der Kür zur Pflicht

Ein Prinzip bei der Nutzung neuer Werkzeuge zieht sich wie ein roter Faden durch die Geschichte:

Was zunächst eher als Erleichterung beginnt, als Kann für Wenige, entwickelt sich im Lauf der Zeit zum Muss für alle. Die Kür wird zur Pflicht, die Möglichkeit zum Fluch.

Beispiel

 Das Handy: Ursprünglich ein wunderbares Werkzeug, um in Notfällen oder auf Geschäftsreisen auch unterwegs erreichbar zu sein, wird es heute von Vielen als selbstverständlich angesehen, Mitarbeiter jederzeit und überall erreichen zu können.

Und so sehen wir uns permanent mit immer neuen technischen Geräten und Anwendungen konfrontiert, die wir verstehen, anwenden und aktualisieren sollen.

Die aktuelle Herausforderung der digitalen Welt besteht heute primär nicht mehr darin, Informationen zu finden und zu sichern. Angesichts der Fülle an Informationen und Informationsmöglichkeiten geht es heute vor allem darum, die eigene Handlungshoheit zu sichern, Wichtiges von Unwichtigem zu trennen, also zu priorisieren, zu filtern.

Der amerikanische Internet-Experte Clay Shirky geht sogar noch weiter: „There is no information overload. There is filter failure." (übersetzt: „Es gibt keinen Informationsüberfluss, nur ein Filterversagen."). Wie also können Sie Ihre digitale Welt so organisieren und filtern, dass die vielfältigen Informationen und Möglichkeiten Ihren eigenen Zielen und Prioritäten entsprechen?

Ein zentrales Prinzip dabei ist: Ein Werkzeug soll dazu dienen, Komplexität für Sie zu reduzieren. Wenn es sie dagegen erhöht, ist es ungeeignet.

Im Folgenden stellen wir Ihnen Ansatzpunkte und Methoden vor, wie Sie effektiv in einem E-Mail-Programm wie Outlook, mit Webbrowsern und mit dem Smartphone priorisieren können.

Outlook & Co.

Wie Sie Outlook nutzen können, um sich einen Überblick über Ihre E-Mails und die sonstigen Aufgaben zu verschaffen, haben Sie bereits erfahren (siehe das Kapitel „Wie Sie den Überblick behalten"). Darüber hinaus bietet das derzeit wohl gängigste E-Mail-Programm eine Reihe weiterer Möglichkeiten, die Ihnen helfen, Ihre Prioritäten zu setzen und zu leben.

Wichtige Ziele im Umgang mit Outlook sollten für Sie sein,

- sich nicht durch aktuelle E-Mails von Ihrer momentanen Arbeit ablenken zu lassen,
- die Anzahl der in Ihrem Posteingang landenden E-Mails generell zu reduzieren,
- Ihren Posteingang vorab zu strukturieren,
- den Umgang mit E-Mails so effizient wie möglich zu gestalten.

Die folgenden Anleitungen beziehen sich auf Outlook 2010. Andere E-Mail-Programme verfügen über ähnliche Funktionen.

E-Mails zu festen Zeiten lesen

Haben Sie ein akustisches oder optisches Signal, das Ihnen anzeigt, wenn eine neue Mail eingetroffen ist? Wenn Sie solche Funktionen nutzen, laufen Sie Gefahr, dass Ihre Neugier siegt und Sie „nur kurz" mal nachschauen, was da gekommen ist. Wir empfehlen Ihnen dringend: weg mit der Benachrichtigungsfunktion in Ihrem E-Mail-Programm! Das „kurze" Nachsehen in den Mails, ob etwas Wichtiges dabei ist, ist ein enormer Zeitfresser. Denn meist sichtet man dabei nur oberflächlich, überfliegt die eine oder andere Mail, ohne sie danach ad acta legen zu können, oder lässt sich von einer vermeintlich dringenden Mail nervös machen. Wie auch immer: Sie verlieren sich im Posteingang, müssen zu einem späteren Zeitpunkt nochmals von vorne anfangen und haben Zeit verschwendet.

So schalten Sie das Signal für das Eintreffen neuer Nachrichten in Outlook aus: Klicken Sie auf den Karteireiter „Datei" und hier auf den Eintrag „Optionen". Unter „E-Mail" findet sich die Rubrik „Beim Eintreffen neuer Nachrichten". Hier entfernen Sie dann das Häkchen bei den jeweiligen Kästchen.

Seien Sie daher konsequent und sichten Sie E-Mails nur dann, wenn Sie auch konzentrierte Entscheidungen zu deren Priorität und Weiterbearbeitung treffen können. Beschränken Sie die Zeit dafür auf maximal 20 Minuten oder auf ein für Ihre Tätigkeit realistisches Zeitfenster. In diesem Zeitfenster findet Folgendes statt:

- E-Mails erfassen: Was ist zu tun?

- Dauert die Bearbeitung nur maximal 2 Minuten? Falls ja, dann sofort erledigen, wenn nein, dann in eine Aufgabe, einen Termin etc. verwandeln.

Automatischen E-Mail-Empfang deaktivieren

Manche gehen sogar soweit, während ihrer Konzentrationsarbeitszeit den automatischen E-Mail-Empfang in Outlook auszuschalten. Dies ist dann zu empfehlen, wenn Sie während dieser Zeit auf vorhandene Mails zugreifen müssen. Hier ist die Gefahr besonders hoch, die neu eingetroffenen Nachrichten eben doch gleich zu lesen.

So können Sie die automatische E-Mail-Übermittlung während der Konzentrationsarbeitszeit aus- und dann wieder anschalten: Klicken Sie in der Registerkarte „Senden/Empfangen" auf den Eintrag „Senden-Empfangen-Gruppen". Hier können Sie das „Automatische Senden/Empfangen" per Mausklick deaktivieren.

Spamfilter einrichten

Mit der sorgsamen Pflege Ihres Spamfilters tragen Sie dazu bei, dass in Ihrem Posteingang keine überflüssigen E-Mails landen. Ein Spam- oder Junk-E-Mail-Filter überprüft jede eintreffende Nachricht anhand bestimmter Kriterien und entscheidet, ob diese Nachricht eine Spam-, also eine „Müll"-Nachricht ist. Diese Mail wird dann in einen speziellen

Junk-Mail-Ordner umgelenkt und nicht im Posteingang angezeigt. Outlook arbeitet automatisch mit einem voreingestell-
ten Junk-Filter. Viele Unternehmen haben darüber hinaus
noch weitere Filtersysteme eingerichtet, die vor Viren, Wür-
mern oder sonstigen Störprogrammen schützen.

Möchten Sie weitere E-Mails aussortieren, von denen zwar
keine eigentliche „Gefahr" ausgeht, die Sie aber nicht in Ihrem
Posteingang haben wollen, können Sie mit einer unerwünsch-
ten E-Mail, die bei Ihnen im Posteingang gelandet ist, folgen-
dermaßen verfahren.

Klicken Sie mit der rechten Maustaste auf die geschlossen
E-Mail. In dem sich öffnenden Fenster können Sie bei „Junk
E-Mail" den „Absender sperren".

Regeln zur Strukturierung der E-Mail-Flut

Regeln in Outlook sind festgelegte und automatisierte Vor-
gänge, die Ihnen helfen können, eintreffende Mails bereits
vorzustrukturieren bzw. zu priorisieren. Sie können diese
Regeln nutzen, um folgende Aktionen durchzuführen:

- Verschieben der Nachrichten in bestimmte Ordner

- automatisches Löschen von E-Mails

- eingehende Mails direkt an eine bestimmte Personen wei-
  terleiten

- Nachrichten von bestimmten Personen mit einer bestimmten Kategorie markieren

> Regeln, aufgrund derer E-Mails automatisch aus dem Posteingang ver-
> schoben werden, bieten sich vor allem für solche Mails an, die Sie nicht
> sofort lesen müssen.

So richten Sie in Outlook neue Regeln ein: Im Karteireiter
„Datei" klicken Sie auf den Eintrag „Informationen". In dem
sich nun öffnenden Fenster können Sie unter „Regeln und
Benachrichtigungen verwalten" eine „Neue Regel" einrichten.

cc-Nachrichten in cc-Ordner verschieben

Findet sich Ihre E-Mail-Adresse im Feld „cc", das steht für
„carbon copy", dient die eingehende Nachricht im Allgemei-
nen lediglich zur Information für Sie. Aktive Handlung werden
von Ihnen hier normalerweise nicht erwartet. Für solche Mails
können Sie eine „cc"-Regel einführen, die sie in einen speziellen Ordner verschiebt, in den Sie in bestimmten Abständen
schauen.

Die Vorteile:

- Sie verringern die Anzahl der E-Mails, die Sie während
  Ihrer Sichtung sortieren müssen.

- Sie können diese „cc-Mails" im Block lesen, vielleicht als
  Abwechslung zwischen zwei Kommunikationsblöcken.

- Oftmals gibt es E-Mail-Dialoge, in denen zu einem Thema
  eine Reihe von Nachrichten geschrieben werden. Sie haben
  nun die Chance, nur einmal diesen Dialog zu lesen und
  nicht immer wieder, wenn gerade die nächste Mail zu dem
  Thema hereinkommt.

Der Nachteil:

Sie müssen sich selbst daran erinnern, den „cc-Ordner" regelmäßig zu sichten. Richten Sie sich dazu eine Erinnerungsfunktion ein.

So richten Sie die „cc-Regel" in Outlook ein:

1 Wählen Sie im Datei-Fenster „Regeln und Benachrichtigungen" zunächst „Neue Regel ..." und dann „Regel ohne Vorlage erstellen" aus und markieren Sie im oberen Feld „Regel auf von mir empfangene Nachrichten anwenden". Klicken Sie dann auf „Weiter".

2 Setzen Sie ein Häkchen bei der Option „Die meinen Namen im Feld Cc enthält" und klicken Sie auf „Weiter".

3 Setzen Sie ein Häkchen in „Diese in den Ordner Zielordner verschieben" und klicken Sie im unteren Feld auf das unterstrichene Wort „Zielordner". Wählen Sie im sich öffnenden Fenster den entsprechenden Ordner aus, klicken Sie auf „ok" und dann auf „Weiter". Klicken Sie „Diese Regel aktivieren" an und danach auf „Fertig stellen".

Mails von bestimmten Personen markieren

Nachrichten von bestimmten Personen betreffen nicht selten auch immer die gleiche Art von Aufgaben. So sind vielleicht die Mails Ihrer Kollegen Müller, Meier und Schulz von der Hotline zu 98 % Kundenanfragen, die Sie möglichst schnell bearbeiten sollten. Hier ist es sinnvoll, diese Mails gleich mit einer bestimmten Kategorie zu versehen. In Outlook funktioniert das so:

Klicken Sie hierfür zunächst auf den Eintrag „Regel ohne Vorlage" und danach auf „Nach Erhalt einer Nachricht mit bestimmten Wörtern in der Absenderadresse (diese dann definieren)". Hier können Sie die Nachricht einer zu definierenden Kategorie, z. B. „Wichtige Kunden" zuordnen und Ausnahmen beschreiben. Anschließend klicken Sie auf „Regel fertig stellen", und ab sofort wird jede Mail, die von dieser Personengruppe kommt, mit der Kategorie „Wichtige Kunden" versehen.

Zeitfresser Internet

Das Wissen der Welt ist nur einen Mausklick entfernt – die Informationssuche im World Wide Web mit Hilfe von Suchmaschinen ist ein mächtiges Arbeitswerkzeug. Allerdings nur dann, wenn man die eigenen Ziele konsequent verfolgt.

Recherche im Netz

Beispiel

Kennen Sie das? Sie öffnen Google, um nach bestimmten Informationen zu suchen. Nach einer halben Stunde stellen Sie erstaunt fest, dass Sie sich auf höchst interessanten, thematisch aber völlig fremden Seiten befinden. Googles Unterhaltungswert hat wieder einmal gewonnen – Ihre Zielsetzung verloren.

Unsere Empfehlungen für ein zielgerichtetes Arbeiten:

- Formulieren Sie Ihre Recherchefragen, bevor Sie die Such-maschinen starten, auf einem Zettel – das sichert eine zielgerichtete Vorgehensweise.
- Setzen Sie sich für jede Recherche ein Zeitlimit – per Smartphone-App oder Eieruhr.

Individuelle Startseite

Viele Menschen benötigen bedingt durch ihr Aufgabenfeld laufend Informationen zu einem oder mehreren Themen und sind darauf angewiesen, auf einen Blick möglichst viele ak-tuelle Informationen auf Relevanz zu „scannen". Trifft das auch auf Sie zu, sollten Sie sich Ihren Internetbrowser, also z. B. Firefox oder Internet Explorer, so einrichten, dass die Startseite Ihren individuellen Informationsbedürfnissen ent-spricht.

Beispiel

 Für eine Mitarbeiterin aus der Pressestelle eines Unternehmens ist es von zentraler Bedeutung, sich über die Branche, die Mit-bewerber und die Darstellung des eigenen Unternehmens in den Medien auf dem Laufenden zu halten. Sie richtet sich daher eine individuelle Startseite mit den aktuellen Inhalten von Branchen-diensten, relevanten Fachzeitschriften, überregionalen Zeitungen und Blogs einiger Meinungsführer ein. So erfährt sie frühzeitig von Ereignissen oder Berichterstattungen, auf die ihr Unterneh-men reagieren muss.

Diese individuelle Startseite kann eine einzelne Seite sein – sehr viel wahrscheinlicher aber sind es fünf bis zehn unterschiedliche Webseiten, die Sie für Ihre Orientierung benötigen.

> Vorsicht: Eine solche Startseite kann auch zum Zeitfresser werden. Überlegen Sie sich genau, ob eine solches Übersichtsangebot Sie zum ziellosen Surfen verführt.

Eine solche individuelle Startseite können Sie z.B. via www.netvibes.com einrichten (siehe Abbildung). Dort haben Sie die Möglichkeit, sich auf einem Bildschirm die jeweils aktuellen Inhalte verschiedener Webseiten darstellen zu lassen. Sie ersparen sich somit das aufwändige Durchsuchen vieler verschiedener Webseiten – Sie haben alles auf einen Blick!

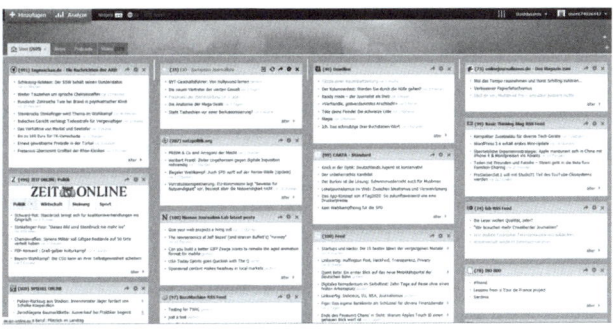

Individuelle Startseite auf Netvibes

Persönliche Symbolleiste

Greifen Sie regelmäßig auf die gleichen Webseiten zu, sollten Sie die „Persönliche Symbolleiste" (oder „Lesezeichen-Symbolleiste") Ihres Browsers nutzen. So sind Ihre zehn bis 15 wichtigsten Web-Adressen mit nur einem Mausklick erreichbar. Das spart nicht nur Zeit, sondern unterstützt Sie auch dabei, nichts Wichtiges zu vergessen.

Symbolleiste

So richten Sie Ihre „Persönliche Symbolleiste" am Beispiel von Firefox ein (andere Browser verfügen über ähnliche Funktionen):

1 Um Ihre „Lesezeichen-Symbolleiste" überhaupt sichtbar zu machen, wählen Sie im Menü „Ansicht" den Eintrag „Symbolleisten" und stellen dort sicher, dass sich ein Häkchen vor „Lesezeichen-Symbolleiste" befindet. Sobald Sie das Häkchen aktiviert haben, erscheint eine neue – zunächst leere – Zeile unterhalb des Hauptmenüs.

2 So befüllen Sie Ihre „Lesezeichen-Symbolleiste": Rufen Sie die für Sie wichtige Seite im Browser auf. Sobald sie geladen ist, klicken Sie das Symbol links neben der www-Adresse, halten es fest und ziehen es auf die „Lesezeichen-Symbolleiste". Dort bleibt es nun als schneller Link.

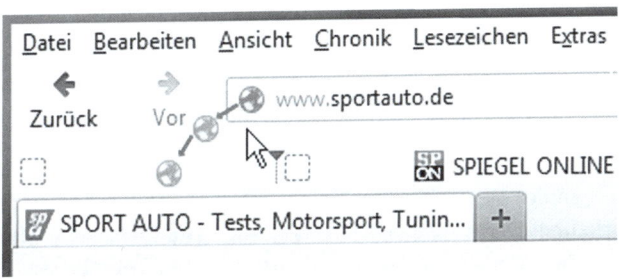

Symbolleiste befüllen

Wiederholen Sie das mit den ca. zehn wichtigsten Seiten für Ihre tägliche Arbeit.

3 So organisieren Sie Ihre „Lesezeichen-Symbolleiste": Sortieren Sie Ihre Lesezeichen, indem Sie den jeweiligen Eintrag auf der Symbolleiste anklicken, und schieben Sie ihn mit gedrückter Maustaste an eine andere Position der Leiste. Wollen Sie einen Eintrag umbenennen, so klicken Sie mit der rechten Maustaste auf den Eintrag und wählen „Eigenschaften". Dort können Sie den angezeigten Namen nun ändern.

Lesezeichen-Verwaltung

Suchen Sie immer wieder nach ähnlichen Themen im Netz? Möchten Sie mehr als zehn bis 15 Lesezeichen anlegen, können Sie die Lesezeichen-Verwaltung Ihres Browsers für eine umfangreichere Sammlung relevanter Seiten nutzen. Richten Sie dazu für jedes Themengebiet oder größere Projekt einen Ordner ein. Diesen können Sie immer dann befüllen, wenn Sie beim Arbeiten auf eine wichtige Webseite stoßen. Sie werden so künftig weniger googeln müssen: Aus dem World Wide Web entwickelt sich Ihr Personal Web.

In der Menüleiste wählen Sie unter „Hilfe" die „Firefox-Hilfe" und geben dann im Suchfeld ein: „Lesezeichen verwalten". Dort finden Sie eine übersichtliche Schritt-für-Schritt-Anleitung. Die Einrichtung einer Grundstruktur dauert ca. 10 Minuten.

> Halten Sie Ihr Lesezeichensystem übersichtlich. Bei einer zu komplexen Ordnerstruktur kann es schwierig werden, eine Webseite eindeutig zuzuordnen und damit auch wieder zu finden.

News Alert

Wie halten Sie sich über die Entwicklung bei wichtigen Themen auf dem Laufenden? Stöbern Sie gelegentlich auf einschlägigen Websites? Googeln Sie regelmäßig danach? Eine der effizientesten Formen, up to date bei wichtigen Themen zu bleiben, ist ein News Alert wie ihn z.B. Google anbietet: www.google.de/alerts

Geben Sie dort einmalig die für Ihr Thema relevanten zwei bis drei Suchbegriffe ein, wählen Sie den Ergebnistyp „News" und wie häufig Sie benachrichtigt werden möchten.

Suchanfrage:	Automobil
Ergebnistyp:	News ▼
Häufigkeit:	Bei Veröffentlichung ▼
Anzahl:	Alle Ergebnisse ▼
Ihre E-Mail-Adresse:	lisa@t-online.de
	ALERT ERSTELLEN Alerts verwalten

News Alert

Sobald Google die entsprechenden Begriffe findet, erhalten Sie automatisch eine Mail mit den Fundstellen. In jeder Mail finden Sie auch einen Link, mit dem Sie ganz einfach diesen News Alert wieder löschen können.

Newsletter – das zweischneidige Schwert

Gute Newsletter können ebenfalls automatisch wichtige Informationen liefern, und es ist ganz einfach, sie auf den entsprechenden Websites zu abonnieren. Sie haben aber einen entscheidenden Nachteil: Oft ist es aufwändig und schwierig, sie wieder loszuwerden. Überprüfen Sie daher genau, welche Newsletter Ihnen tatsächlich einen Nutzen bieten, sonst verstopfen Sie sich auf Dauer Ihr Postfach.

Priorisieren rund um Social Networks

Haben Sie einen Facebook-, XING- oder Twitter-Account? Wann und wie nutzen Sie ihn? Für viele User sozialer Netzwerke stellen die Angebote nicht nur eine Bereicherung ihres sozialen Lebens dar, sondern haben sich auch zum Zeitfresser entwickelt. Die kontinuierlich eintreffenden Benachrichtigungen zu den Beiträgen ihrer „Freunde" verführen in hohem Maße dazu, sich den Aktivitäten auf diesen Plattformen zu widmen.

Nutzen Sie die sozialen Netzwerke daher auch nur zu festgelegten Zeiten. Klären Sie auch hier für sich Ihre Filter-Strategie, Ihre Priorisierung.

- Nutzen Sie ein soziales Netzwerk ausschließlich für private Zwecke, sollten Sie den Account auch nur in in Ihrer Freizeit abrufen.

- Nutzen Sie es sowohl beruflich wie auch privat, empfehlen wir Ihnen – ähnlich wie bei den E-Mails – mehrere Accounts für die jeweiligen Zwecke einzurichten. Definieren Sie genau, wozu Sie z. B. Facebook beruflich nutzen wollen und steuern Sie Ihre Aktivitäten dementsprechend.

Natürlich sind soziale Netzwerke hervorragende Marketinginstrumente. Darüber hinaus können sie auch sehr wirkungsvolle Werkzeuge sein, das Übermaß an Information zu filtern:

Während Sie im Umgang mit PC und Internet weitgehend auf Ihre eigene Kompetenz angewiesen sind, Informationen aktiv zu suchen, können soziale Netzwerke Sie davon entlasten. Viele Nutzer von Facebook, XING oder Twitter posten nicht (nur) private Inhalte, sondern z.B. Links auf fachspezifisch interessante Webseiten. Durch die Verbindung mit ausgewählten Experten erhalten Sie nun automatisch einen kontinuierlichen „Stream" an hochwertigen Beiträgen und Impulsen, deren Qualität bereits von anderen bewertet wurde.

Smartphones

Das Smartphone macht die gesamte elektronische Information und Kommunikation mobil. Ein echter Vorteil für effizientes Arbeiten, aber auch eine Quelle weiterer Gefahren:

Die Möglichkeit, überall und jederzeit telefonisch, per Mail oder per Instant Messaging erreichbar zu sein, führt dazu, dass Menschen sich zunehmend unter Druck setzen, tatsächlich auch permanent erreichbar und damit verfügbar sein zu müssen. Dies aber widerspricht den Prinzipien der Selbstverantwortung. Es führt letztlich zu einer fremdbestimmten Arbeitsweise und – ganz entscheidend – zu einem Abbau an Konzentrations- und Erholungsphasen. Viele Unternehmen haben dies inzwischen auch als Quelle für zusätzlichen Stress bzw. für eine Erhöhung des Burn-out-Risikos erkannt. Sie

haben Richtlinien ausgegeben, nach denen das Geschäfts-
handy nach Feierabend, am Wochenende und im Urlaub
abzuschalten ist.

Daher unsere dringende Empfehlung: Behalten Sie die Kon-
trolle über Ihre Erreichbarkeit. Niemand muss immer erreichbar sein. Entscheiden Sie selbst, wann Sie mobil erreichbar
sein wollen und gönnen Sie sich auch Abschaltzeiten.

Apps zum Priorisieren

Smartphones bieten eine Vielzahl hilfreicher Funktionen, die
Sie in Ihrer Arbeit und beim Priorisieren unterstützen.

So attraktiv die Mini-Anwendungen auf den ersten Blick auch
scheinen mögen – prüfen Sie sehr genau, ob eine zusätzliche
Anwendung Sie auch wirklich entlastet und zu Ihnen passt –
oder ob Sie sich damit eine neue Quelle für Komplexität
schaffen.

Aufgaben-Apps

Die meisten Smartphones haben eine einfache Aufgaben-App
bereits vorinstalliert, die mit Outlook synchronisiert werden
kann. Wem die dort angebotenen Funktionalitäten nicht aus-
reichen, kann auf seinem Handy eine spezielle Aufgaben-App
installieren. Hier einige Empfehlungen für leistungsfähige
Apps.

- Things: einfach, basiert auf „Getting Things Done", der
  Selbstmanagement-Methode von David Allen, verfügbar
  für iPhone, iPad

- OmniFocus: komplexe Produktivitäts-App, basiert auf Getting Things Done, verfügbar für iPad
- Wunderlist: schlichter Aufgabenplaner mit Cloud-Synchronisation, verfügbar für iPhone, iPad, Android

Apps zur Zeiterfassung

Falls Sie genauer untersuchen wollen, worauf Sie Ihre Zeit verwenden, um so Ihren persönlichen Zeitfressern auf die Spur zu kommen, können Sie auch dafür eine App nutzen. Der Vorteil: Ihr Smartphone haben Sie in der Regel immer dabei, um zu erfassen, auf welche Aufgaben Sie Ihre Zeit verteilen. Meist können Sie so Ihre Zeitfresser bereits nach wenigen Tagen identifizieren und geeignete Gegenmaßnahmen treffen.

Zeiterfassungs-Apps für ...	
iPhone	Android
• aTimeLogger	• Time Recording
• Eternity Time Log Lite	• AWD Time Logger
• iTimeSheet Lite	• Zeiterfassung

Apps zum Thema „Prioritäten festlegen"

Die folgenden Apps unterscheiden zwischen wichtig und dringlich und bieten Ihnen eine dem Eisenhower-Modell entsprechende Vier-Felder-Matrix, in die Sie Ihre Aufgaben bereits bei der Erfassung einsortieren können:

- Eisenhower – verfügbar für iPhone
- Priority Matrix – verfügbar für iPhone, iPad, Win

- Astrid Ike, verfügbar für Android – setzt auf der kostenlosen Aufgabenverwaltung „Astrid" auf.

- My Effectiveness Habits, verfügbar für Android – basierend auf den Prinzipien von Stephen R. Coveys „The 7 habits of highly effective people".

Weitere nützliche Apps

- Tenplustwo: Diese App bietet eine Stoppuhr, um bei ungeliebten Arbeiten voranzukommen. Sie stoppt jeweils 10 Minuten Arbeitszeit, gefolgt von 2 Minuten Pause.

- Der Meeting Timer berechnet, was einzelne Meetings tatsächlich kosten (Teilnehmer x Durchschnittsgehalt x Dauer) – und überlässt es dem Anwender, zu beurteilen, wie effizient die Besprechungen sind.

Auf einen Blick: Priorisieren mit den neuen Medien

- Das Internet hat unsere Informations- und Kommunikationswelt komplexer gemacht. Nachrichten und Infos können uns jederzeit blitzschnell erreichen.

- Will man in dieser Informationsflut nicht untergehen, sind wirksame Strategien nötig, mit denen wir planen, wann uns welche Info erreicht.

- E-Mail-Programme bieten effektive Filter und Optionen, mit denen wichtige Mails strukturiert und unwichtige Mails abgefangen werden können.

- Wer im Internet nach Informationen sucht, läuft Gefahr, sich im Informationsgewirr zu verlaufen. Individuelle Startseiten, Lesezeichen und News Alerts helfen dabei, das zu verhindern.

- Social Networks wie XING, Facebook, können sich, je nachdem. wie man sie nutzt, als Zeitfresser oder als nützliche Marketings- und Informationsinstrumente entpuppen.

- Für Smartphones gibt es viele nützliche Apps, die zur Priorisierung und Zeitplanung verwendet werden können.

Stichwortverzeichnis

Impressum

Bibliografische Information der Deutschen Nationalbibliothek
Die Deutsche Nationalbibliothek verzeichnet diese Publikation in der Deutschen Natio-
nalbibliografie; detaillierte bibliografische Daten sind im Internet über
http://dnb.dnb.de abrufbar.

Print: ISBN: 978-3-648-04223-6   Bestell-Nr.: 01356-0001
ePub: ISBN: 978-3-648-04224-3   Bestell-Nr.: 01356-0100
ePDF: ISBN: 978-3-648-04225-0   Bestell-Nr.: 01356-0150

Hailka Proske, Johannes Friedrich Reichert, Eva Reiff
Richtig priorisieren
1. Auflage 2014, Freiburg

© 2014, Haufe-Lexware GmbH & Co. KG, Munzinger Straße 9, 79111 Freiburg
Redaktionsanschrift: Fraunhoferstraße 5, 82152 Planegg/München
Telefon: (089) 895 17-0
Telefax: (089) 895 17-290
Internet: www.haufe.de
E-Mail: online@haufe.de
Redaktion: Jürgen Fischer
Redaktionsassistenz: Christine Rüber

Konzeption, Realisation und Lektorat: Nicole Jähnichen, 81247 München
Satz: Beltz Bad Langensalza GmbH, 99947 Bad Langensalza
Umschlag: Kienle gestaltet, Stuttgart
Druck: freiburger graphische betriebe, 79108 Freiburg

Die Autoren

Hailka Proske

ist Kommunikationswissenschaftlerin und seit 1989 Trainerin und Coach im Bereich Kommunikation, Führung und Selbstmanagement. Zudem begleitet und berät sie Unternehmen in Veränderungsprozessen. Zusammen mit Eva Reiff ist sie Autorin des Taschen Guides „Zielvereinbarungen und Jahresgespräche".
www.hailka-proske.de

Johannes Friedrich Reichert

arbeitete über 20 Jahre als Journalist für Print, TV und Online. Der ehemalige TV-Redakteur betreute als Projektmanager Internet-Großprojekte für die ARD und den Bayerischen Rundfunk. Seit mehr als zehn Jahren ist er als Trainer, Berater und Coach in der Journalismusbranche tätig.
www.reichert.cc

Eva Reiff

Die Diplom-Kauffrau begleitet als selbstständige Beraterin, Trainerin und Coach Unternehmen und Organisationen. Ihre Schwerpunkte sind Zeit- und Selbstmanagement, Kommunikation und Führung. Sie verfügt u.a. über Ausbildungen in Solution Focus und Systemischer Beratung.
www.eva-reiff.de

Haufe TaschenGuides

Kompakt, günstig und einfach praktisch

Soft Skills

- Auftanken im Alltag
- Burnout
- Downshifting
- Emotionale Intelligenz
- Entscheidungen treffen
- Gedächtnistraining
- Gelassenheit lernen
- Gewaltfreie Kommunikation
- Körpersprache
- Lernen aus Fehlern
- Manipulationstechniken
- Menschenkenntnis
- Mit Druck richtig umgehen
- Mobbing
- Motivation
- Mut
- NLP
- Optimistisch denken
- Potenziale erkennen
- Psychologie für den Beruf
- Selbstmotivation
- Selbstvertrauen gewinnen
- Sich durchsetzen
- Soft Skills
- Stress ade

Management

- Besprechungen
- Checkbuch für Führungskräfte
- Delegieren
- Konflikte erfolgreich managen
- Konflikte im Beruf
- Management
- Mitarbeitergespräche
- Moderation
- Neu als Chef
- Projektmanagement
- Selbstmanagement
- Spiele für Workshops und Seminare
- Teams führen
- Virtuelle Teams
- Workshops
- Zeitmanagement
- Zielvereinbarungen und Jahresgespräche

Jobsuche

- Arbeitszeugnisse
- Assessment Center
- Jobsuche und Bewerbung
- Vorstellungsgespräche

Wirtschaft

- ABC des Finanz- und Rechnungswesens
- Balanced Scorecard
- Betriebswirtschaftliche Formeln
- Bilanzen
- BilMoG
- BWL Grundwissen
- Buchführung
- BWL kompakt
- Controllinginstrumente
- Englische Wirtschaftsbegriffe
- Finanz- und Liquiditätsplanung
- Finanzkennzahlen und Unternehmensbewertung
- Formelsammlung Wirtschaftsmathematik
- IFRS
- Kaufmännisches Rechnen
- Kennzahlen
- Kontieren und buchen
- Kostenrechnung
- Kundenakquise
- Marketing
- Rechnungswesen kompakt
- So funktioniert die Wirtschaft